JUICE
CLEANSE

全周漓——

著

果汁淨化力

製作果汁

淨化身體提升自信

Sound body, Sound Mind.

你手上正拿著
什麼樣的飲料呢？

●

Prologue

約是四、五年前，幾乎沒有專賣蔬果汁的店，也找不到現在流行的高人氣果汁飲品。

對於當時正在美國學習生機飲食的我而言，非常羨慕當地能有各式鮮榨果汁專賣店、生機飲食餐廳。當時便想著，亞洲是否也會引進這樣的健康食尚呢？

終於！

由新鮮水果與蔬菜調和的蔬果汁，不但濃郁好喝，營養價值也非常高，還可為忙碌的身體補充活力。最近，商業區的果汁店越來越多，而願意重視自己是否吃下真食物的人也逐漸增加了。

曾經讓外帶咖啡成為一種時尚的好萊塢明星們，最近手上拿著的都換成果汁。而韓國的Victoria、李素拉等膚質極佳、身材姣好的女星們也都有飲用果汁的習慣。越來越多注重養生的人們開始重視果汁飲品。

其實在歐美地區，很早就推行每日攝取「5種顏色的蔬果，5個盤子以上的量」計畫。若以份量來算，一天需攝取350~400g的蔬果；但單吃沙拉、水果要達到這樣的量是很不容易的。若製成果汁、果昔來飲用，卻可以輕鬆達成。因此，在西方國家，果汁與果昔一直以來都相當受到歡迎。

而韓國最近也推行一天3次，攝取6種以上的5色蔬果，1年365天，全家遠離各種疾病的「蔬果365，家人健康365，國民健康促進運動」。這使得果汁、果昔在韓國也開始盛行。

在現代社會中，吃便當、外食的機會遠大於在家用餐。因此，若將大量的蔬果製成一、兩杯果汁、果昔，再裝入瓶中，即可隨身攜帶隨時享用。

在忙碌的早晨，隨手補充一杯富含營養的果汁，如何呢？在愜意的午後，將常吃的加工零嘴，改成一杯果汁或果昔做為健康的點心，也很不錯。在不小心吃過量的晚餐飯後，飲用果汁或果昔來排解消化器官的負擔，隔天醒來就能恢復最佳狀態。若養成喝果汁的習慣，你將發現身體一天比一天更健康、更輕盈。

今天，你手上的飲料是什麼呢？

還是外帶咖啡或泡沫冰飲嗎？

那麼，從明天起，誠心推薦你不同的選擇。

全周漓

Contents

Prologue	你手上的飲料是什麼呢？	10

Chapter 01.
About Juice & Smoothie

果汁&果昔

01	大家都愛喝果汁	21
02	果汁vs.果昔	24
03	方便的打果汁工具	26
04	製作果昔的器具	28
05	果汁的食材	30
06	果昔的食材	34
07	風行全球的超級食物代表	36
08	提升果昔魅力的食材	38
09	選購食材的注意事項	40
10	喝一小杯濃縮果汁	43
11	美味果汁的關鍵	44

Chapter 02.
Juice Cleanse

果汁斷食（淨化）計劃

01	你了解果汁斷食淨化嗎？	48
02	人體的一日循環	51
03	果汁淨化的效益	52
04	事前準備	56
05	開始執行	58
06	果汁淨化：一天課程	60
07	為淨化選擇果汁	62
08	打造合適的果汁淨化課程	64
09	果汁淨化後的復食	68
10	果汁間歇斷食法	74
11	果汁淨化的1週食材清單	76
12	果昔初學者的必備食材清單	78
13	果汁淨化FAQ	80

本書用法	84

Chapter 03.
Juice Recipes

果汁食譜

01	早安西瓜汁	88
02	基本綠果汁	90
03	我不是草莓牛奶	92
04	清甜小麥草汁	94
05	夏日蜜桃夢	96
06	草莓優格果汁	98
07	葡萄柚無負擔果汁	100
08	平衡淨化果汁	102
09	番茄雲霧	104
10	森林池塘	106
11	窈窕佳人	108
12	石榴的漸層美	110
13	蔬菜與薑的驚喜	112
14	沁綠提神飲料	114
15	褐色水蜜桃	116
16	深綠檸檬汁	118
17	小麥草能量果汁	120
18	家庭蔬菜汁	122
19	羽衣甘藍能量果汁	124
20	每日排毒果汁	126
21	覆盆子狂想曲	128
22	來自秋季的果汁	130
23	葡萄柚綠果汁	132
24	蔓越莓之吻	134
25	紫羅蘭覆盆子果汁	136
26	柳橙冬季之歌	138

Chapter 04. ————————————
Smoothie Recipes

果昔食譜

01　YOU MUST LOVE ME　　　　142

02　香蕉的美味秘密　　　　144

03　綠色檸檬果昔　　　　146

04　我的小女孩　　　　148

05　熱帶嘉年華　　　　150

06　可可覆盆子果昔　　　　152

07　淡淡初秋味　　　　154

08　甜蜜可可　　　　156

09　奶油草莓　　　　158

10　在無花果樹林間　　　　160

11　奇亞籽香蕉果昔　　　　162

12　頭腦能量補給站　　　　164

13　潔西卡‧艾芭的早安果昔　　　　166

14　Lady CoCo　　　　168

15　神秘果昔　　　　170

16　奇亞籽當家　　　　172

17　活力滿滿果昔　　　　174

18　羅勒籽奶昔　　　　176

19　維他命能量果昔　　　　178

20　日日寄情　　　　180

21　米蘭達‧寇兒的早安奶昔　　　　182

22　深綠淨化　　　　184

23　螺旋藻杏仁奶昔　　　　186

24　完美至極的莓果飲　　　　188

25　血腥瑪麗　　　　190

26　大人時光　　　　192

Chapter 05.
Special Recipes

特別果汁&果昔食譜

01　速成綠果汁　　　　　　　196

02　新鮮奇亞籽果汁　　　　　198

03　秘密可可亞果汁　　　　　200

04　瑪卡能量果汁　　　　　　202

05　小麥草粉果汁　　　　　　204

06　根莖類蔬菜的力量　　　　206

07　速成杏仁奶　　　　　　　208

08　綠茶果昔　　　　　　　　210

09　滑潤熱果昔　　　　　　　212

10　放鬆身心的熱果昔　　　　214

11　樸實直率的熱巧克力　　　216

12　綠奶霜熱果昔　　　　　　218

13　SUPER巧克力　　　　　　220

14　自製綜合水果杯　　　　　222

15　湯姆與胡蘿蔔　　　　　　224

16　絕品芝麻湯　　　　　　　226

17　清爽的青江菜濃湯　　　　228

18　椰子咖哩湯　　　　　　　230

19　芒果香菜湯　　　　　　　232

20　營養滿分的蔬菜　　　　　234

果汁索引　　　　　　　　　　236

CHAPTER
01.

ABOUT JUICE & SMOOTHIE

果汁&果昔

全球都風行的果汁與果昔

大家都愛喝果汁

•

大家都知道蔬果有益身體健康，
但為何不直接食用，而要打成汁呢？

現在所喝的果汁大多是冒牌貨

先釐清一個觀念，本書中提到的「果汁」，正確來說意指「新鮮果汁」，也就是以新鮮蔬菜、水果榨成的「生汁」。

在市售的加工果汁中，許多都添加了色素、人工代糖⋯等化學添加物。此外，為了避免產品在運送過程中變質，通常還會經過「加熱」這一道手續，導致蔬果的營養流失。為了健康著想，許多人會以這些市售果汁代替碳酸飲料；但實際了解後，會發現果汁的成份大多為糖水，幾乎沒有任何營養價值。若想完整攝取蔬果的營養，就需飲用無添加色素、化學添加物，也未經過熱處理的「鮮榨果汁」。

為什麼一定要打成汁？

先如眾所皆知的，蔬果含有豐富的纖維質，可促進腸胃蠕動，增加排便量等優點；但若在飯後吃水果，反而容易造成消化不良。

一般來說，食用保有完整纖維質的生鮮蔬菜時，營養吸收率只有17%，且從消化到完全吸收，需耗時2小時左右。而在將蔬果打成汁的過程中，由於已事先破壞了纖維質，讓營養吸收率提高至65%，且消

化、吸收時間只需15~20分鐘。此外，與咀嚼的量相比，直接喝果汁可以攝取到更多的蔬果量。

換言之，將蔬果打成汁，不但可輕鬆地大量攝取營養，提高營養吸收率，並減少消化器官的負擔。

果汁，最簡單的生機飲食

富含營養的生鮮果汁，含有維他命A、C、E、硫磺化合物、多酚、類胡蘿蔔素…等抗氧化物質與營養素。而具清血作用的葉綠素，則有助於預防癌症等各種疾病。此外，蔬果中所含的營養成份及植化素更可提高人體的自癒力。

還有一項很重要的成份，那就是酵素！存在於所有內臟、血液中的酵素，在人體內擔任新陳代謝中各種化學變化最重要的媒介體，也就是說，體內若沒有酵素，就不會產生化學變化，也就無法啟動新陳代謝作用，而神經與腦部的運轉，都需透過酵素的作用；若沒有酵素，細胞將無法再生；有了酵素，血液才會凝固。若體內有豐富的酵素，免疫力自然提高，不但能延緩老化，甚至延長壽命。

酵素存在於各種天然食材中，尤其是蔬菜與水果中的含量最為豐富。但因酵素不耐熱（通常在46.6度以上就會被破壞殆盡），若想攝取酵素，「生食」便成為非常重要的關鍵點。食物在生鮮狀態下製作成的料理，便稱為「生機飲食（Raw Food）」。而鮮果汁即為方便每天飲用的代表性料理。

現在，充分了解為什麼要喝果汁，以及果汁如此盛行的原因了嗎？

果汁vs.果昔

●

以蔬果製成的飲料，一般皆稱爲「果汁」；
可再細分爲果汁與果昔兩類。

果汁與果昔的差異

正確來說，果汁（Juice）是指以蔬菜、水果榨成的「汁」；而將蔬果
切細後，製成的濃稠飲料則稱爲果昔（Smoothie）。在製作果汁的過
程中，纖維質大多留在榨完汁的果肉中，果汁內的含量相當少，完全
無法與原食材的纖維質量相比。反之，以切細方式製成的果昔，則保
留了完整的纖維質。

果汁在身體裡消化時，因分子細，故消耗的能量較少，對腸胃較不會
產生太大負擔；也因纖維質少，蔬菜與水果的營養可以更有效率地被
吸收。而果昔則含有豐富的纖維質，可幫助身體排出老廢物質，且具
有飽足感等優點。兩者在進行果汁斷食時可達相輔相成的功效。

果汁空腹喝為佳，果昔可代替正餐

就和吃蔬果一樣，空腹時喝果汁最能發揮成效。與其他食物混合時，果汁的營養成份會阻礙消化、吸收，並不建議搭配餐食飲用。且在睡眠時，身體已自動「斷食」，因此，早晨是最適合飲用果汁的時間。

喝果汁容易感到餓，果昔則適合搭配餐食，或直接替代正餐。若將果昔變成湯的形式，食用上比沙拉更方便，也不會因量多而感到負擔。

即使不全然以果昔代替正餐，只要在用餐前喝一杯，便可減少正餐的食用份量。下午茶時間，也很適合來杯果昔，不但有著加工食品無法匹敵的營養美味，更具有抑制晚餐暴飲暴食的作用。

方便的打果汁工具

•

打果汁的工具包括果汁機、原汁機、綠汁機，
雖然工作原理有些不同，但本質上一樣都是榨汁機。

隨行果汁機

果汁機（Juicer）的用法，是將蔬菜、水果切塊，放入投入口
後，削刀以高速旋轉，將塊狀打碎，再透過濾網分離液體與殘
渣，製成果汁。與其他榨汁機相比，體積較小、價格便宜、快
速方便。但缺點是噪音較大，且無法放入太多的食材，比起其
他器具，一次打出來的量較少。若要放入羽衣甘藍、蘿蔓這類
莖葉打汁時，只能將莖葉塞滿投入口，再以棒子壓下打汁。

方便又便宜的
飛利浦榨汁機

最近廣受歡迎的
HUROM蔬果慢磨機

原汁機

原汁機是以單齒輪打碎食物後，透過濾網分離液體與殘渣，製成果汁。雖然稱為單齒輪（One Gear）榨汁機，運用的是研磨原理。一般榨汁機需以棒子強壓食材，但原汁機省略了此一步驟，讓打汁更便利順暢。噪音小、清洗方便也是其優點之一。留下的殘渣比果汁機少，但比綠汁機多。

綠汁機

綠汁機則是以雙齒輪（Two Gear）銜接的方式，將食材切磨後製成果汁，並保留植物纖維細胞中最豐富的營養物質。因榨汁率極高，可省下不少食材費用。綠汁機能有效減少出汁過程中果汁與空氣的接觸，可以減緩果汁自然氧化速度，製作出來的果汁能多存放1~2天左右。但價格相對昂貴、機台笨重，且清洗步驟較繁瑣。

● 果汁品質良好、榨汁量最多的Angel綠汁機

製作果昔的器具

●

製作果昔時，需要最基本的攪拌器。此外，若有壓榨器
（Squeezer）、手搖杯，便能做出更多樣而美味的果昔。

手搖杯

用於混合粉類與液體類，可混合基本果昔
的各種粉類食材，還可添加各種調味。手
搖杯在市面上很常見，以500ml左右的容量
最適合。若沒有專用的手搖杯，也可用附
蓋子的容器代替。

小而便宜，容
易入手的隨行
果汁機

可替代專用
手搖杯的塑
膠瓶

將柑橘類榨汁後，加
入果昔用的壓榨器

壓榨器

用以壓榨柳丁、檸檬、萊姆等柑橘類，製成果汁。在打
好果昔的攪拌器中，添加少量的果汁就能讓味道層次更
豐富。建議選購可一手握住的壓榨器，使用上較方便，
清洗也更簡單。比起塑膠材質，建議選擇稍有重量的不
鏽鋼材質，不但可長期保存，榨起汁來也更省力。

多功能調理機

可將水果、蔬菜、穀物等切或絞成粉類、流食。市售產品機型大小各有不同，可依個人需求購買，建議選購可替換不同瓶身大小的機台，使用更方便。這類機台的特色是馬達強而有力、刀鋒銳利，具備可縮減打汁時間，使口感更滑順等優點。

馬達強而有力，能讓飲料口感更滑順的Vitamix調理機

果汁的食材

●

以為是有益健康的蔬果，就全憑個人喜好任意混合打成汁，結果味道難以下嚥……應該很多人都有過這樣的經驗吧？適合打成果汁的蔬果很多，若能活用以下介紹的食材，相信大家能做出口味與營養兼具的果汁。

主材料

是指能用來做成果汁基底的食材。水份較多,糖分相對較低,味道與香氣也不會過於平淡,適合單獨飲用,也可搭配其他食材。

芹菜

檸檬

菠菜

番茄

小黃瓜

蘋果

葡萄柚

胡蘿蔔

哈密瓜

西瓜

副材料

將副材料的營養濃縮後，可強化食療的效果及排毒作用。但若添加過量，可能會使飲料的風味變差，請以不破壞原味為前提來適量添加。

生薑

小麥草

甜菜根

紫甘藍

芽類蔬菜

羽衣甘藍

蒲公英葉

明日葉

※ 羽衣甘藍可在生機或進口超市購得，若無法購得，可以青色花椰菜或芥藍菜取代；
　蒲公英葉算是野菜，可在郊區摘取或在花市購買蒲公英植株。

帶有甜味的食材

是指能用來做成果汁基底的食材。水份較多，糖分相對較低，味道與香氣也不會過於平淡，適合單獨飲用，也可搭配其他食材。

柿子

橘子

柳橙

蘋果

梨子

葡萄

果昔的食材

●

果昔的主、副材料並沒有非常明確的區隔，食材的運用也很豐富、自由。除了蔬果外，還可加入堅果類、粉類、液體類等各種食材，改變果昔的營養與風味。

副材料

將副材料的營養濃縮後，可強化食療的效果及排毒作用。但若添加過量，可能會使飲料的風味變差，請以不破壞原味為前提來適量添加。

香蕉　　　　酪梨　　　　羽衣甘藍

香瓜　　　　番茄　　　　檸檬

水梨

藍莓

覆盆子

草莓

蔓越莓

葡萄柚

葡萄

芒果

鳳梨

香菜

菠菜

無花果

蘿蔓

風行全球的超級食物代表

加在果昔中的超級食物，可為身體注入能量，近年也是很受關注的焦點。這類食物常做成體積小而易保管的粉類。

奇亞籽

巴西莓粉

枸杞

小麥草粉

瑪卡粉

生蜜

可可粉

螺旋藻粉

奇亞籽（Chia Seed）

奇亞籽是阿茲特克族與馬雅人補充營養的食品。無香、無味、無臭，適合搭配任何食材。可直接食用，但煮過的奇亞籽更飽滿，口感更佳。

巴西莓（Acai Berry）

巴西莓是生長於亞馬遜熱帶雨林的棕櫚樹果實，被巴西原住民譽為「生命之樹的果實」或「青春之泉」。具有比藍莓更卓越的抗氧化功效，世界各國皆非常流行。

枸杞（Goji Berry）

枸杞含有豐富的β-胡蘿蔔素、玉米黃質、維他命、抗氧化等……成份。帶有甜味，很適合加入果昔。

小麥草（Wheat）

可排除體內的毒素，且具有良好的抗老功效，是果昔的絕佳拍檔之一。

瑪卡（Maca）

以生長於祕魯的瑪卡的根部製成。有增強力氣、性慾、體力的功效，也稱之為「天然的賀爾蒙調節劑」。帶有些微甜味，適合加入果昔。

天然熟成蜜（Honey）

天然熟成蜜未經熱處理，保有豐富的營養素與酵素，是完美的超級食物。這種蜜含水份少，含還原糖（單醣）多，營養價值高。

可可粉（Cacao）

是製作巧克力的材料，數千年來，可可粉在南美洲被視為健康與恢復元氣的健康食品，因而廣受歡迎。甜中帶苦的可可粉，能讓果昔更迷人。

螺旋藻粉（Spirulina）

螺旋藻是生長於熱帶地區的湖水中的植物。含8種胺基酸、豐富維他命、礦物質、酵素、葉綠素等。肉類的蛋白質含量為27%，豆類為34%，螺旋藻則高達65%，可用於替代蛋白質粉。

提升果昔魅力的食材

果汁取自於蔬菜、水果的汁液，因而味道已非常香醇。而果昔類的則
由於食材量相對較少，建議加入糖度較高的食材或堅果類等，以提升
風味。

肉桂粉

椰子粉

椰棗

甜葉菊萃取物

堅果類

椰子水

椰子奶油

杏仁奶油

椰奶

杏仁奶

香草莢

可可豆

可可豆

是指可可樹長出的果實中的種子。其抗氧化功效超越綠茶，更是藍莓的10倍以上。富含維他命、礦物質、纖維質，並能立即供給養份。微苦的巧克力能讓果昔的風味更成熟。

椰子粉、堅果類

椰子粉（將椰子果肉切碎後乾燥製作而成）與堅果類可增添香氣，在果昔中稍加一些，便能享受香脆的口感。

椰棗

生長於伊朗等地的果實，比一般紅棗大2倍，也比柿子更甜。可增添果昔的甜味與濃度。

甜葉菊萃取物

從甜葉菊的葉子中萃取出的成份，有自然的甜味，但不會增高血糖的數值，也不含卡路里。甜度是砂糖的200倍，只要加1滴，就能品嚐到濃濃的甜味。甜葉菊有液體與粉末兩種型態。

椰子水

椰子內的半透明液體，帶有熱帶水果的特別風味與淡淡的甜，滋味溫和，適合消暑。

椰奶、杏仁奶

椰奶是椰子粉與水以1:3的比例混合，再以篩網過濾後的液體。以相同方法過濾杏仁與水，即為杏仁奶。可用於替代牛奶加入果昔中。雖然市面上皆有販售，若能自製則更佳。

杏仁奶油、椰子奶油

將杏仁、椰子切碎後，與奶油這類質地的食材混合製成，具濃郁的風味與滑順的口感。

香草莢（或香草粉）、杏仁粉

香草莢、杏仁等特有的香氣，可提升果昔的味道與香氣。香草莢需剝開外殼，將裡面的籽挑出來使用。

選購食材的注意事項

●

製作果汁與果昔時，建議選購有機食材及當季蔬果。雖然說來簡單，但實行上卻有一定的困難。選購食材是非常重要的一環，請務必詳加閱讀以下內容。

請選購有機食材

有機食材不含農藥等毒性化學物質。而非有機食材即使在洗滌後，仍會殘留20~30%的毒性化學物質。因此，不只是蔬果，購買海鮮、肉類等各種食材時，建議儘量選購無毒食材。

此外，相較於其他集中生產的農作物，新鮮有機食材所含的維他命、礦物質、酵素、其他營養素等雖然大同小異，但有機食材吃起來更安心且對環境更友善。此外，因不使用農藥，必須花費更多時間與心力來照顧作物，也是有機蔬果香甜多汁的秘密。

有機食物固然很好，費用上的負擔也相對較大，即便如此，仍建議在經濟能力許可的範圍內，儘量購買有機食材。

請購買當季食材

一年之中，雖然因科技進步，使得蔬果的生產季節界線已逐漸模糊，但仍以當令蔬果的營養最豐富，也含有該時期人體最需要的養份。

將時令蔬果裝滿菜籃吧！隨著季節的改變，仔細看看市場中有哪些盛產食材也非常有趣。就在體驗與觀察之間，讓自己慢慢步向健康生活。

當季水果

1~5月	草莓、椪柑、蓮霧
6月	覆盆莓、杏子、香瓜
7~8月	番茄、西瓜、水蜜桃、韓國甜瓜、藍莓、李子、葡萄、無花果、火龍果、 梨、芒果
9月	番茄、水蜜桃、香瓜、藍莓、李子、石榴、水梨、橘子
10月	蘋果、水梨、橘子、無花果、柿子
11~12月	蘋果、水梨、橘子、柚子、石榴、椪柑、葡萄、柳丁
全 年	香蕉、木瓜、芭樂

請將籽去除

購買非有機食材時，請先在水中浸泡5分鐘並以手搓洗，再盡量用水將農藥沖乾淨。葉菜類如小白菜、青江菜、茼蒿等，可先切除根部，一片片剝開後泡在水中，浸泡5分鐘後以清水沖洗一遍即可。葡萄、櫻桃、草莓等小型及桃子、蘋果等中型水果則可在浸泡同時以軟毛刷輕輕刷洗，浸泡時間加長至10分鐘以上，但不得超於半小時，免得流失養分及風味。農藥與化學成份不只是沾黏在食物的表面，也會在植物生長時，聚集在種子中。因此，並不是清洗表面就能去除農藥。尤其是蘋果籽會聚集毒性，打汁時，務必先將籽去除。

喝一小杯濃縮果汁

●

果汁也可以像濃縮咖啡般，濃縮成一小杯，稱爲「SHOT」。
雖然這種濃縮果汁並不適合所有人；但在需要時，喝一些也不錯。

需快速達到效果時

若希望小麥草、甜菜根、生薑、高麗菜…等能立刻發揮功效時，可將
食材單獨打成濃縮的SHOT來飲用。因爲濃縮的果汁很烈，飲用後，建
議以檸檬漱口，或混合蘋果汁、綠果汁。

需一次大量攝取時

爲了快速看到功效，有些人會一次飲用大量的濃縮果汁，但其實喝濃
縮果汁最好不要過量，太強烈的效果，也會造成人體器官的負擔。

特別像是高麗菜汁、甜菜根汁，會使腸胃劇烈蠕動，甚至造成嘔吐。
濃縮小麥草則會誘發頭痛。強烈的味道也可能使我們抗
拒再吃這樣的食物，身體也會因無法接受而產生不適。

飲用濃縮果汁時，一開始務必控制在一個小酒杯的量以
下，觀察身體的反應沒有問題後，再慢慢增量。

美味果汁的關鍵

●

若只用蔬菜榨汁，味道往往會因為太過苦澀而難以下嚥。適當地調和水果與蔬菜，就能調配出令人讚不絕口的美味飲品。

調和比例

即使使用相同的蔬果，味道也會依據放入的量而有所改變。接下來所提到的比例並不單指食材本身，而是以打成汁後的量來估算比例。一般來說，蔬菜與水果請以1:1的比例來調和。

蔬菜汁通常以1:1的綠葉蔬菜（羽衣甘藍、芹菜）與根莖類蔬菜（胡蘿蔔等）製成。果汁則以4:1的甜味（蘋果等）與酸味（檸檬等）調和而成。按照上述的比例即可製作出基本果汁。

果汁失敗的原因

若不習慣綠果汁的味道，建議調高水果果汁的比例，加重酸甜味讓果汁更順口。習慣之後，再慢慢增加蔬菜的量，若想完全使用蔬菜來打汁時，建議以番茄、胡蘿蔔、小黃瓜來代替水果，以調和味道。

若未事先測量比例，胡亂將食材塞進打汁機中，可能會做出味道詭異的蔬果汁。事後為了補救，又加入各種帶有甜味的食材，只會讓果汁更難以下嚥。若放太多綠葉蔬菜，導致味道變苦時，建議加點檸檬汁來調和。但若要使用明日葉、生薑等味道較濃辣的食材，就沒有可以緩和的方法，請小心酌量加入。

找到適合自己的口味

每個人喜愛的口味各不相同，即使是同一個人，喜歡的味道也會因身體當時的狀態而改變。因此，要正確說出「美味果汁」的標準，並不容易。請依據前面提及的「1:1基準」觀念，並參考本書第3~5篇所介紹的食譜，做出最適合自己的果汁。

一開始也許會因不合口味而產生排斥感，這時，千萬別因著健康與功效而勉強飲用；重要的是找到能讓自己自然地飲用的果汁，因為身體不排斥的，必然是你當前所需要的。

CHAPTER
02.

JUICE CLEANSE

果汁斷食（淨化）計劃

開始以空腹取代填飽肚子的果汁淨化

你了解果汁斷食淨化嗎？

●

米蘭達・寇兒、碧昂絲、葛妮絲・派特洛、凱特・阿普頓、莎瑪・希恩……，這些知名女星的共通點是什麼？世界級的大美女？沒錯。但還有一項，那就是她們都愛「果汁淨化」。

喝的斷食，美味的排毒

若以一句話來說明果汁淨化（Juice Cleanse），即為果汁斷食法。更淺顯易懂的說法，就是以果汁代替正餐並進行排毒。

一般而言，斷食是指在日常生活中，自發性地禁食固態食物，以排出體內毒素來改善健康、減重…等，並因其良好的瘦身功效而逐漸廣為人知。斷食療法起源於宗教，以求體力、智力與靈力的突破。流傳至今，世界上各宗教的信徒也視斷食為一種治癒心靈的方法。

果汁淨化有類似斷食的效果，但執行上更簡單。在禁食固態食物，減少消化器官負擔的同時，飲用果汁還可補充人體所需的維他命、礦物質及卡路里。在日常生活中即可執行，無需額外花時間，實踐起來也不會太難（建議在進行果汁淨化前先請教醫師目前的身體狀況是否適宜）。

大家可以開心地選擇適合自己的果汁，相較於其他排毒法，不必因難以持續而傷腦筋，也沒有想像中的嚴重飢餓感。這就是果汁淨化能風行全球的理由。

排毒原理

人體中的肝臟負責過濾體內的毒素，再經由膽汁、汗、尿液等排出。執行果汁淨化時，固態食物與其他化學合成物質不會進入人體中，因此，肝可以將原本存在於體內的毒素徹底地清除。

腎臟與肝臟相同，也具有排除體內毒素的重要作用。腎臟的作用為清血，並能將肝臟所分解的毒素等各種老廢物質轉化為較無害的物質。在執行果汁淨化期間，每天都能供給腎臟新鮮的果汁與水份，使腎臟的運行更順暢。不吃固態食物，還可讓之前總是不停運作的消化器官暫時休息，並得到淨化。

當體內的毒素過多時，會引發頭痛、慢性疲勞、動脈硬化、肝臟疾病、過敏……等各種症狀。執行果汁淨化，不但能減緩這些病症，更能感受到身體機能的改善。

人體的一日循環

在一天之中，身體會歷經「排出—攝取—吸收」的循環過程，當了解這樣的循環後，我們便能清楚知道什麼時段該攝取食物，何時又該休息。

我們在攝取食物後，會吸收部分的營養，並將其轉化為能量以供身體使用；用不到的部分就會排出體外。雖然身體一整天會不斷地重複這樣的週期，但不同的器官則會在特定的時間個別運作。

04:00~12:00 排出時間

每日凌晨4時到中午12時，身體會自動將毒素、老廢物質排出體外。因此，每天起床時，大家會發現舌頭上長了一層舌苔，眼睛周圍產生眼屎，身體也會有異味，且出現便意。

12:00~20:00 攝取時間

中午12時至晚上8時，是食物攝取及消化的時間。一整天下來，忙碌的工作與各項活動後，身體需要極多的能量。到了午餐與晚餐時間，肚子總是特別餓。透過進食，能供給身體所需的能量。

20:00~04:00 吸收時間

晚上8時至隔天凌晨4時，是身體吸收並儲存一日所獲得能量的時段。在排出之前，體內會先吸收、儲存食物的營養。而身體是透過睡眠來休息，於是會在睡前集中儲存剩餘的營養源。在這段期間進食，容易造成代謝症候群，除了會增加體重之外，還會妨礙睡眠。

在現代社會中，多數疾病都與食物攝取過量有關，此外，若攝取卡路里過量、但營養不足的食物，雖然看起來體重增加了，但其實身體正漸漸走向衰敗。

因此，比起填飽肚子，空腹的觀念更受大眾注目。為了健康，請在「排出時間」有效地清除體內的毒素；在「攝取時間」進食；並於「吸收時間」禁食。

果汁淨化的效益

●

雖然蔬菜、水果並不算便宜，
但執行果汁淨化後，絕對能明顯感受到它所帶來的價值。

健康地瘦身

執行果汁淨化時，雖然每個人的狀況不同，體重將快速地持續下降。
一般而言，平均一天可減少0.45~0.5公斤。若只執行一天，同樣可以看
到效果；而少至3天，多則持續7~10天，便能看出明顯的改變。

持續飲用營養豐富的果汁，不但減輕了身體的負擔，並會開始對具刺
激性或加工過的味道變得敏感與不適應。等到果汁淨化結束後，飲食
習慣就會自然而然地改變，若想繼續維持清淡的飲食習慣也變得非常
容易。果汁淨化與只著重減少卡路里的「節食瘦身法」、只吃一種食
物而導致營養缺乏的「One Food瘦身法」、容易造成身體負擔的檸
檬排毒，或非常需要意志力的一般斷食法等方法相比，可說是截然不
同。

具美容功效

做為果汁食材的蔬菜、水果，含有豐富的抗氧化成份與維他命，可延
緩老化，並保持皮膚的光澤及彈性。多吃蔬果能有效將鈉排出體外，
改善水腫的問題；胡蘿蔔、菠菜是製作果汁的常見食材，可保護視力
並預防近視。因此，喝愈多新鮮的果汁，就會愈健康漂亮喔！

能量UP！狀態UP！

在執行果汁淨化期間，消化器官不會無謂地消耗能量，自然能減輕身體疲勞，吸收率也會隨之提高。此外，果汁可補充豐富的維他命與礦物質，將身體提升至良好狀態。而排毒能促進新陳代謝，使體力充沛，自動養成早睡早起的習慣。體內循環順暢了，生活就會充滿活力；身體變輕盈了，心情當然也跟著煥然一新。身體狀況改善，心情也會更加地愉悅。

增強免疫力

飲用果汁，會直接攝取食物中的營養與有效成份，有助於緩和、治療及預防各種病症。就連體內器官也會變健康，免疫力自然跟著提升。漸漸地，慢性疲勞、頭痛及各種過敏症狀也會消失。雖然每個人的進展各有不同，但都能確實感受到身體一天比一天健康。

改善飲食習慣

剛開始，可能極不習慣只喝果汁，而沒有「咀嚼動作」的飲食方式；慢慢適應後，就能體會新口感所帶來的享受。一旦體驗過好食材帶來的效益，即使結束果汁淨化後，也會想繼續保持這樣的飲食習慣。

提升自尊心

在執行果汁淨化期間，你將認識到能在生活與工作中更懂得努力的自己，在讓身體更窈窕、體力更充沛的同時，心理上也會變得愉快而滿足，學會珍惜自己。也許，這就是果汁淨化所帶來的最佳禮物。

事前準備

●

雖然執行果汁淨化前，無需特別準備什麼；但在執行的前一晚，請留意個人飲食，不要吃得太油膩，並可利用閒暇時間整理週遭環境，對果汁淨化也會有意想不到的幫助。

遠離具刺激性的食物

可以的話，在執行果汁淨化前幾天，飲食請以蔬果為主。為讓身體更自然地適應果汁，請避開不易消化的碳水化合物或動物性蛋白質。最好盡量避免食用高脂肪食物、油炸類、咖啡因、酒精、尼古丁、糖果、砂糖、可樂等具刺激性的食物或加工食品。

每天飲用果汁

突然一下子喝太多果汁，可能會不適應，因此，在執行果汁淨化的前幾天，請開始以果汁代替其中一餐，或當成點心喝1~2杯。如此一來，身體會更快適應「果汁餐」，減緩無法吃固態食物的不習慣。

整理週遭環境

請將平底鍋、湯鍋…等可能具有誘惑的料理器具收起；再將果汁機、調理機置於最方便取得之處。若你的個性很容易受環境影響，在執行果汁淨化前，營造適合的環境很重要。

堅決遠離食品添加物

為避免在果汁淨化期間被誘惑，請將餅乾、冰淇淋等危險的加工食品藏在視線看不到的地方。在淨化到復食的這段期間內，若想順利調理身體，建議果決地遠離所有加工食品。若與家人同住，無法全部丟棄，也務必讓這些食品的量愈少愈好。

寫飲食日記

計劃果汁淨化時，必須從3~5天前開始記錄每日飲食。若可以，請在果汁淨化結束後也持續進行記錄。不要因遺漏了一、兩天就放棄，將每次用餐的狀況與內容寫成飲食日記。果汁淨化結束後，若飲食習慣又開始鬆散，日記便能成為回頭檢視並改善的最佳輔助。飲食日記並不是單為果汁淨化而寫，而是為了養成健康與乾淨的飲食習慣，建議每個人都應該嘗試。

開始執行

●

果汁淨化是指在日常中，以果汁代替正餐與點心。
再輔以有助於新陳代謝的運動，便能提升效果。

一天的攝取量

一天攝取約1700~2250ml的果汁最適當。每個人的體質各有不同，請在
這個範圍內，選擇最適合自己的量。

攝取方法

先決定果汁餐的時間，通常一次飲用200~500ml，可在這個範圍內，自
由調整自己能接受的量。建議最少為200ml，但不要超過500ml。即使
是果汁，若在短時間飲用過量，仍會造成胃腸的負擔。

無需固定時間，只要感到飢餓，即可飲用。一般來說，每2~3小時喝一
杯果汁是最多人選擇的方式。請依據個人狀況來調整飲用的份量與次
數。傾聽身體的聲音，找到最適合自己的方法。

實行期間

執行果汁淨化時，短為1天，一般則3~5天，長則可達10~14天左右，
最多不建議超過14天。若太貪心，想一下子就挑戰長期果汁淨化，可
能會造成身心不適應。

若最近飲食過量，或想稍微嘗試果汁淨化，可執行1~2天；體重正常，但希望再苗條一些，可嘗試3天；若希望更積極地進行排毒與瘦身，則建議執行7~10天。

若本身屬於肥胖型，可執行14天，再維持半個月的復食（食用流質），以維持減下來的體重。接著，再次執行果汁淨化14天、復食半個月。以這種交替方式來減重並維持身材，到達理想的體重後，請攝取可維持身材的食物份量就好，不要再暴飲暴食。

輕盈的身體活動

以乾刷※保養、伸展運動、散步……等簡單的身體活動，可讓新陳代謝更順暢，提升果汁淨化的功效。到公園或其他地方散散步，在自然中悠閒地走走，不但有益健康，也能提振精神。

更積極的方法：灌腸

在執行果汁淨化期間，體內不太會有食物的殘渣，因而不易排便。若感到排便不順，建議用檸檬汁灌腸。在500ml以上的溫水中，加入2顆檸檬汁的量，由灌腸機注入大腸中清洗（建議有專人輔導再使用）。但不建議使用「水壓灌腸」的機器方式。

只建議排便不順的人實行灌腸，並不是必做事項。在之後的復食階段，就會恢復原本的排便習慣。

※ 在乾燥、未沾水的皮膚狀態下，以天然纖維做成的刷子取代手指進行身體按摩，這樣不僅能去除身體的老廢角質、橘皮組織，還能幫助皮膚排毒，是一種簡易的排毒法。

果汁淨化：一天課程

●

你聽過「痛苦很快就會過去」這句話嗎？一開始，我也對斷食感到茫然、不適；但每天喝著果汁，照常工作、過日子，到了某天，一定會發現自己已輕鬆完成果汁淨化。

Step 1. 起床後，乾刷身體、做伸展運動

早晨起床，請以乾刷細密地將身體刷過一遍，並做一些輕柔的伸展運動。睡眠時，體內的排毒機能最為活躍。早晨乾刷身體，有助於去除皮膚排出的老廢物質。然後，深呼吸搭配伸展運動來排出肺臟等體內的老廢物質，促進新陳代謝，給自己一個清爽的早晨，以最輕柔的動作，溫柔地喚醒熟睡中的身體。

Step 2. 喝一杯過濾水或溫開水

喝一杯乾淨的水，將體內的老廢物質洗淨。在熱水中加入半顆檸檬汁的量，製成檸檬茶也不錯。特別推薦溫熱的香草茶。

Step 3. 早晨果汁

喝一杯果汁。特別推薦如西瓜、哈密瓜等水份多的水果。但若糖度過高，會使血糖急速升高，請先以水稀釋。

Step 4. 早上工作時，來杯飽足的果汁

上午時段，腦袋最清醒、注意力集中，非常適合處理工作上的各項事

務。在處理重要工作的同時，來杯果汁吧！果汁或蔬果汁皆可提供腦部活動所需的葡萄糖。

Step 5. 以果汁替代午餐及點心

在午餐時間或感到肚子餓時，以果汁取代正餐食用。

Step 6. 下午的短暫休息

在下午3~5點之間安排一短暫的休息時間，至少10分鐘以上。若可以，建議舒服地躺下，並閉上雙眼。在這段短暫的休息後直到就寢前，都能讓身體維持在更好的狀態。通常在這段時間，很容易想進食，休息可減低食欲。因為有時候，人體需要的不是食物，而是休息。

Step 7. 果汁晚餐

喝一杯果汁做為晚餐。

Step 8. 結尾

以溫水泡澡或沖澡，並洗刷身體；稍微做伸展運動來放鬆身體。寫下飲食日記做為一天的句點。

為淨化選擇果汁

●

只要是新鮮蔬果，都可製成淨化用的果汁，因此，不必太過苦惱要選擇什麼食材。但若選擇符合當下身體狀況的果汁，不但效果加倍，在執行期間也能更愉快地享用。

基本果汁為1：1的果汁與蔬菜汁

果汁可淨化身體，蔬菜汁則能提供身體所需的養分，因此，1:1的混合蔬果汁，很適合做為基本果汁。

上午的果汁

晚餐後，包括睡眠時間到早晨，有近12小時的空腹時間。為了充分供給能量，並提供腦部活動所需的葡萄糖，特別推薦早上飲用果汁或包含果汁的綠果汁。

下午的飽足感果汁

在活動量大的中午至晚上期間，由於容易感到飢餓，飲用由綠色蔬菜及胡蘿蔔等根莖類蔬菜製成的果汁，可獲得飽足感。

晚餐的綠果汁

晚上至準備就寢的時段，應避免飲用果汁，而是以富含葉綠素的綠果汁為佳。到了宵夜時段，若感到非常飢餓，不妨飲用一杯果汁，以減緩空腹感。

其他飲品

除了果汁，不妨將蔬菜湯、檸檬茶或生薑汁混合熱水飲用。

製作蔬菜湯

TIP | 材料：白蘿蔔1/8顆、胡蘿蔔1/2顆、牛蒡1/4條、蕪菁（大頭菜）1顆、海帶少許、水1.5公升
將所有材料放入湯鍋中，以中火滾煮20分鐘後，將食材撈出，留下蔬菜湯。可依據不同季節添加生薑或香草。

打造合適的果汁淨化課程

●

只要實行幾天果汁淨化，就能發現身體的轉變。

選擇喜歡的果汁，在希望的時間飲用，

每天重複一日果汁淨化課程即可。

爲了讓讀者能更容易理解果汁淨化課程，以下將示範幾個例子。

 給初學者的一日課程
1Day Program

適合第一次體驗果汁淨化者。選擇3~5種最容易購得的食材，製成果汁後，隨身攜帶，在想喝的時候飲用即可。爲了更快適應以果汁代替正餐，如何選擇自己能輕易接受的果汁非常重要。帶有適度甜味的綠果汁、非常甜的果汁、可降低空腹感的飽足果汁皆可考慮。12~18時爲攝取時間，請準備足夠的份量，以沒有飢餓感爲前提，充分飲用。

7:00　　　　　開水一杯
8:00　　　　　早安西瓜汁200ml→P88
9:00~12:00　基礎綠果汁500ml→P90
　　　　　　　　* 間隔1~3小時飲用。
12:00~18:00　基礎綠果汁500~1000ml→P90
　　　　　　　　* 間隔1~3小時飲用。
18:00~21:00　番茄雲霧500ml→P104
　　　　　　　　* 若感到飢餓，可自行增量。

Advice

若嘗試一天可行，下次請利用周末，挑戰1~3天的果汁淨化。我們攝取的食物，會在體內停留3天，因此，執行3天果汁淨化後，就能看見膚質與身體曲線的變化。若只實行1~2天，自己可感受到體內的變化，但外觀不會產生很大的差異。反覆嘗試短期課程後，若覺得效果不錯，請試試更長時間的課程。但不建議一開始就挑戰長期果汁淨化，第一次最多執行3天，之後再慢慢增加天數。

B 給怕麻煩者的一日課程
1Day Program

若擔心太過複雜，很容易半途而廢，建議選擇兩種果汁慢慢準備即可。
單喝一種不免有些乏味，所以請至少準備兩種以上。

7:00	開水一杯
8:00	基礎綠果汁200ml→P90
9:00~12:00	基礎綠果汁500ml→P90
	＊無需執著飲用的量及時間，感到飢餓時，直接飲用。
12:00~18:00	基礎綠果汁500~1000ml→P90
	＊無需執著飲用的量及時間，感到飢餓時，直接飲用。
18:00~21:00	蔬菜與薑的驚喜500ml→P112
	＊若感到飢餓，可自行增量。

Advice

若懶得打果汁，一開始也可購買市售的新鮮蔬果汁來飲用。一旦看見成
效，便會自然有了動力去享受果汁淨化。務求有個好的開始。

 給進階者的一日課程
1Day Program

增強能量1DAY

7:00	檸檬茶一杯
8:00	早安西瓜汁200ml→P88
9:00~12:00	葡萄柚無負擔果汁500ml→P100
	* 無需執著飲用的量及時間,感到飢餓時,直接飲用。
12:00~18:00	羽衣甘藍能量果汁500~1000ml以上→P124
	* 無需執著飲用的量及時間,感到飢餓時,直接飲用。
18:00~21:00	小麥草能量果汁500ml→P120

強化排毒1DAY

7:00	蔬菜湯一杯
8:00	平衡淨化果汁200ml→P102
9:00~12:00	深綠檸檬汁500ml→P118
	* 無需執著飲用的量及時間,感到飢餓時,直接飲用。
12:00~18:00	森林池塘500~1000ml以上→P106
	* 無需執著飲用的量及時間,感到飢餓時,直接飲用。
18:00~21:00	每日排毒果汁500ml→P126

Advice

執行果汁淨化第3~4天,就能明顯看出體重減輕。其實,執行1~3天,可能比4~7天更辛苦。想要咀嚼什麼、胃部的空虛感…等,都讓人倍感壓力。通常1~2天,長至3天都會產生這種感覺,但只要撐過了這段時間,從第4天開始就能習慣果汁餐。只要能超過3天,第4~6天也能輕鬆度過。若持續7天以上,與短期的斷食相比,更能感受到讓人眼睛為之一亮的身體變化。

果汁淨化後的復食

●

果汁淨化結束後，並不代表所有功課皆完成；
為落實有始有終，也要確實執行復食計畫。
完善的復食，可讓辛苦的果汁淨化效果更為顯著。

什麼是復食？

果汁淨化結束後，在食用一般餐食之前，需讓只攝取液態食物的身體
適應固態食物，這段期間必須食用軟性或流質食物，即為「復食階
段」。結束果汁淨化後，若立刻食用肉類、具刺激性…等需長時間消
化的食物，將會造成正在休息中的消化器官負擔。

因而得先讓身體慢慢適應，漸進式地從流質、一般食物，再到其他想
吃的食物。若未執行復食階段，可能會造成體重快速回升，甚至超過
原來的體重。不論對生理或精神上，都會帶來極大的壓力。

復食所需時間

復食時間需與果汁淨化等長。若執行1天果汁淨化，便需執行1天的復
食；執行3天果汁淨化，復食則需3天；若果汁淨化長達5~7天，也請執
行等長的復食時間。

復食菜單

復食菜單，可讓休息中的消化器官在斷食過後更容易地適應一般食物。食用易消化的果昔、水果、蔬菜沙拉和粥…等易消化的食物，再配合「飲食順序的調整」。在固定時間內，以①果昔→②水果→③沙拉→④流食的飲食方法來慢慢調整。並維持在吃完後，感覺還會有點餓的份量。另外，記得多補充水份。

① 果昔

在復食期間食用的果昔成份，請以水果與蔬菜為主；可以的話，請勿加入澱粉類、油、堅果類。因為去除水份的澱粉、油脂以及堅果類會需要較長時間的消化，對此時的腸胃狀態並不適合。

② 水果

只要將水果洗淨即可食用。沒有其他需特別注意的事項。

③ 沙拉

建議食用無添加醬料的沙拉；若需醬汁，請以切碎的蔬果代替。請勿食用超過1個盤子的沙拉份量，即使是再好的食物仍然多吃無益。羽衣甘藍及類似的深綠色蔬菜可提供適當的飽足感。也可將各類生菜、胡蘿蔔切碎，再細細咀嚼，以利消化。

④ 流食

稀飯等流質食物請勿加鹽調味，一次食用約180ml的量。請以糙米代替精緻的白米來煮稀飯。在復食期間，請勿攝取太多經煮熟後的食物。

⑤ 調整飲食順序

在吃一般食物前的最後一個階段，請先調整飲食順序。也就是將一般用餐的順序倒過來，改以「水果→蔬菜→蛋白質／和碳水化合物」的順序來進食。

先以生鮮蔬果填飽肚子，再食用一些蛋白質和碳水化合物。約以8：2的水果＋蔬菜：碳水化合物＋蛋白質的比例來進食。此方法可減少我們食用過多較難消化的食物。

調整飲食順序時，也請注意不要吃過量。在家用餐時，以一個盤子的量為基準，放入水果1/3顆，菜葉類1把，切細碎的小黃瓜、芹菜、胡蘿蔔少許，杏仁（植物性脂肪）3~4粒，肉類（動物性蛋白質）2~3片，五穀雜糧3杓，再依正確的順序食用。外食的話，也請以這樣的份量與順序來調整。

1 日復食範例

	第1天
早餐	果昔200ml
點心	果汁200ml
午餐	水果1顆
下午茶	綠果汁200ml
晚餐	沙拉1盤

3 日復食範例

	第1天	第2天	第3天
早餐	果汁200ml	果昔200ml	果昔200ml
點心	果汁200ml	果汁200ml	果汁200ml
午餐	果昔200ml	水果1顆	水果1顆，沙拉1盤
下午茶	綠果汁200ml	果汁200ml	果汁200ml
晚餐	沙拉1盤	沙拉1盤	沙拉1盤，粥180ml

5 日復食範例

	第1天	第2天	第3天	第4天	第5天
早餐	果汁200ml	果汁200ml	果汁200ml，水果1顆	水果1顆，果昔200ml	水果1顆，粥180ml
點心	果汁200ml	果汁200ml	果汁200ml	果汁200ml	果汁200ml
午餐	果昔200ml	水果1顆，果昔200ml	果昔200ml，沙拉1盤	沙拉1盤，粥180ml	沙拉1盤，粥180ml
下午茶	綠果汁200ml	果汁200ml	果汁200ml	果昔200ml	果昔200ml
晚餐	綠果汁200ml	果昔200ml	果昔200ml，沙拉1盤	沙拉1盤，粥180ml	調整飲食順序的食材1盤

復食是果汁淨化的收尾

嚴格來說，復食是果汁淨化的一部分。若最後無法徹底執行復食，就不建議開始果汁淨化。果汁淨化結束後，身心都會感到極度飢餓，因此，請不要被周圍環境誘惑而忽略了復食。

曾有人在果汁淨化結束，參加聚餐時，想著吃一片肉就好，但結果遠遠超過一片的量，連啤酒都一口乾了，最後乾脆放棄復食。也常聽到在復食期間，以肉類、白飯、餅乾等食物填補肚子的例子。

雖然上述的例子並非絕對不行之事，但以「一次就好」的藉口開始了錯誤的復食，之後就會持續下去。習慣這種模式的復食後，身體狀況反而會比之前更糟。

食用一般餐點時，請減量一半

在果汁淨化結束後的1~2天中，需特別謹慎。千萬不要因為嘴饞或透過咀嚼行為來獲得滿足感；開始實行復食時，食物攝取量以不會感到飢餓為準，實行3天後，便能成功地持續下去。

回到食用一般餐點時，務必維持在平常食量的1/2，以保持從淨化到復食過程中所獲得的良好體態。復食期間，也是一段學習抵抗私慾的心理淨化過程。

果汁間歇斷食法

●

1日1餐或間歇性斷食，也會產生顯著的效果。
果汁淨化結束後，讓果汁包含在日常的飲食中，嘗試間歇性斷食。

1日1杯
或1日2杯

就像間歇斷食，維持1天只吃1~2餐的習慣，長期下來，也可獲得與長期斷食相同的效果。

但不規律的用餐會使腦部與身體所需的能量短缺，甚至影響到日常生活。此外，壓力也可能會導致我們暴飲暴食，在這樣的狀況下，適時以果汁來執行間歇性斷食，會比直接斷食來得更容易。

若之前總是大口吃三餐，每餐都要吃得飽飽的，請以果汁替代早餐，而午、晚餐則正常吃。習慣之後，可在活動量大的午餐時段食用正餐，早、晚餐則以果汁替代。或在較悠閒的晚上食用正餐，其他時間喝果汁亦可。

1日2餐果汁輕斷食

	1日1杯
早餐	果汁1~2杯
午餐 晚餐	一般正餐

1日1餐果汁輕斷食

	1日2杯
早餐	禁食或果汁1杯
午餐	果汁3~4杯
晚餐	一般正餐

請以流食為輔

若利用果汁來執行1日1餐，身心卻感到有所負擔時，請先改爲1日2餐。直到漸漸適應後，再試試以流食代替正餐來實行1日1餐輕斷食。每個人的狀況皆不相同，請找尋最適合自己的方法來執行。

但若感到十分不適應或在間歇性斷食後，反而造成暴飲暴食，有可能會導致厭食症。在這種情況下，請將食物分爲5餐左右，運用少量多餐的飲食方式來改善這種情況。

再次強調，最重要的是找到適合方式，傾聽自己的身體與心靈，並隨之調整斷食法。在不斷調整的過程中，就會發現答案。

果汁淨化的1週食材清單

●

據經驗來看,食材不足,是果汁淨化執行失敗的一大因素。因為感到
飢餓的瞬間,很容易被其他食物誘惑。因此,請務必維持足夠的食材
庫存量。

必備食材

可輕鬆購入的果汁基本食材。

小黃瓜10條

芹菜4支

胡蘿蔔5kg

西瓜、哈密瓜各1/2顆

檸檬21顆

生薑1把

葡萄柚7顆

蘋果14顆

羽衣甘藍1kg

菠菜1kg

必備食材

可輕鬆購入的果汁基本食材。

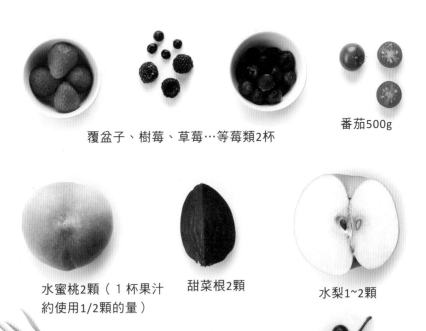

覆盆子、樹莓、草莓…等莓類2杯

番茄500g

水蜜桃2顆（１杯果汁約使用1/2顆的量）

甜菜根2顆

水梨1~2顆

小麥草100g

明日葉200g

葡萄1小串（１杯果汁約使用2~3顆的量）

・P76~77頁中所列的清單，到賣場逛一圈即可全部購得。只要購入這些食材，就能製作第3篇介紹的所有果汁。

果昔初學者的必備食材清單

●

製作果昔時，除了蔬菜、水果之外，還需以超級食物製成的粉類食
材。若缺少一項會很麻煩，建議平時就備妥在家中。

杏仁粉	竹鹽	羅勒籽
甜葉菊粉 或萃取物	奇亞籽 （歐鼠尾草）	瑪卡粉
綠茶粉	無糖可可粉或 有機無糖可可粉	糙米蛋白粉
巴西莓粉	生食粉	螺旋藻粉

※ 羅勒籽又稱小紫蘇或明列子。
※ 生食粉。指將未經煮沸的食物研磨成粉末狀，包括蔬菜、穀物、豆類、種子、海藻等。

可可豆

椰子粉

椰棗

核桃、胡桃等
堅果類

椰子水

椰子奶油

杏仁奶油

椰奶

枸杞

天然蜂蜜

香草莢或香草粉

杏仁奶

・一次購入P78~79的食材。雖然一開始的花費很高，但可長期使用。
・生食粉是將蔬菜、水果、穀物凍結乾燥後再製成粉末。將營養被破壞的
　機會降至最少，與烹調過的食品不同。
・鹽的部分，建議使用竹鹽。糙米蛋白粉是以植物成份製成的蛋白粉。天
　然蜂蜜雖然比一般經過熱處理的蜂蜜貴，但營養也更豐富。
・超級食物的粉類可能較不易購得。可於http://kr.iherb.com網站（韓）及
　各大台灣購物網站，購入物美價廉的產品。

果汁淨化FAQ

●

對果汁淨化還有任何疑問嗎？
以下匯集了許多關於果汁淨化的常見問題。

Q. 果汁淨化沒有副作用嗎？
果汁淨化本身沒有副作用，但若最後沒有搭配完善的復食計劃，反而會造成體重快速回升…等比果汁淨化前還糟的結果。

Q. 會有不適合果汁淨化的人嗎？
基本上，只要身體健康都可執行果汁淨化。但患有糖尿病、低血糖、心臟及肝臟疾病、低血壓、哮喘、痛風、肺結核、營養障礙症、飲食障礙（厭食症或暴食症），或正在服用藥物者，一定要先與醫師討論之後再決定是否可以進行。另外，也不建議老人、孩童及孕婦進行果汁斷食。

Q. 有一定要嘗試果汁淨化的人嗎？
建議日常飲食常吃加工食品、精緻食品、動物性蛋白質者、很少吃蔬果者、過勞及壓力大的、食用維他命或其他保健食品卻沒有顯著效果者、體重過重或肥胖者，以及想體驗透過飲食來喚醒並改變身心者等都可嘗試。

Q. 只喝果汁，不會容易感到飢餓或氣力不足嗎？
若感到飢餓，只要增加果汁量即可。從早到晚，每隔 1 小時可飲用 1 杯200ml的果汁，一天共飲用16杯，就不會感到飢餓或沒力氣。

Q. 在果汁淨化期間，若忍不住吃了其他食物，該怎麼辦？
只要發生一次，就會有第二次。因此，若中途吃了食物，不妨直接轉到復食階段。這樣並非前功盡棄，因為在中斷前所執行的果汁淨化都有效，無需太失落。下次再加強忍耐力，繼續挑戰就好。

Q. 執行後，因產生一些症狀而猶豫了。

雖然每個人的狀況各有不同，但通常執行果汁淨化1~2天之後，會產生許多舌苔、身體的味道也會加重的現象。只需多洗澡、刷牙，除此之外不會有其他任何的影響。若產生輕微的暈眩及頭痛現象，只要多喝果汁、多休息即可。

Q. 執行到一半，需中斷的情況？

一般而言，健康的人都能順利完成果汁淨化。但若出現蕁麻疹、疱疹、過敏性反應或受到極大的壓力，請立刻終止，並詢問專業人士。

Q. 果汁淨化最好執行幾個週期？

第一次嘗試者，先執行1天。休息一週之後，再嘗試執行2~3天。若認為適合自己，待半個月後，再挑戰更長時間的果汁淨化。也有執行1天，休息1天的例子，如此一來，一年365天中，有一半時間在飲用果汁。最重要的是調整出適合自己的步伐，不建議頻繁地執行果汁淨化，避免給自己太大的壓力。

Q. 在果汁淨化期間，有哪些禁止事項？

吸菸、飲酒、執行到一半暴飲暴食、熬夜、放縱等，都是果汁斷食期間不應該做的事。建議盡量在日落後，即回到家中，並早睡早起。

Q. 為果汁淨化所支出的蔬果費用相當可觀？

雖然蔬菜、水果的價格並不便宜，但與一般餐點、零食、外食的費用相比，反而低廉許多。且果汁淨化可改善皮膚、有益健康，並能讓自己遠離保健食品及醫院。將蔬果費用視為有價值的支出，便不覺得貴了。自然食材對身體的益處，只有親身體驗過才能體會。

Q. 果汁淨化與將食材煮熟的「排毒果汁」及「魔女湯」的不同之處為何？

「排毒果汁」及「巫婆湯[※]」經加熱後，便少了能幫助人體代謝相關的酵素，且能消除疲勞的維他命也會被破壞。果汁中的維他命、礦物質、酵素等營養素，不會因為熱處理而被破壞、變質，可攝取到更完整的營養。

※ 巫婆湯的食材成份大致上大同小異，包含有青椒、高麗菜、蕃茄、洋蔥、紅蘿蔔、青蔥、西洋芹、雞湯等，巫婆湯一碗的熱量大約為350大卡左右，是一種攝取極低熱量的減重方法。

Q. 在復食期間，如何戒除酒類等具刺激性的食物？

散步！若忍不住食物的誘惑時，請散散步，一邊聽音樂，做些輕柔的運動。泡個熱水澡，看部喜歡的電影，與朋友聊天都是不錯的選擇。遇到誘惑時，請自行轉移注意力，與其對抗，不如避開它。

Q. 榨汁後，剩餘的殘渣還有利用價值嗎？

打果昔不會有殘渣，但打完果汁後，會剩下大量的殘渣。雖然含有纖維質，但已沒有營養成份，這樣想的話，便不會感到可惜了。若捨不得丟棄殘渣，不妨試試加入咖哩中。另外，在食品乾燥機中鋪上烘培紙，再鋪上一層薄薄的殘渣，乾燥後即可活用。例如，可依個人口味加入薑黃、鹽、檸檬汁，拌勻再乾燥即可。

Q. 執行果汁淨化時，一定要親自打果汁嗎？

親自買材料，打成果汁是最好的；但在忙碌時，也可直接購買市售的鮮果汁。購買蔬果汁、番茄汁、胡蘿蔔汁等200~500ml的量來執行果汁淨化。但請詳讀果汁的成份表，盡量選擇除了蔬菜、水果之外，沒有添加其他成份的果汁。

Q. 可在淨化用的果汁中加入肉桂棒或堅果類嗎？

平常享用果汁時，可依個人口味添加喜歡的食材。但在執行果汁淨化時，建議只加蔬菜、水果即可，盡量不要添加其他食材。

Q. 可加熱蔬果再食用嗎？

只要加點生薑再打果汁，就能感受到溫暖的氣息。熱果昔仍能維持本身的功效，在天寒不想喝冰涼的果汁時，非常適合飲用熱果昔。在第5篇中，將會介紹特別的熱果昔食譜。

Q. 以果昔代替正餐，感覺有點空虛。

請試試在果昔中稍微加點醬油、鹽、胡椒等調味料，製成湯品。有了鹹味後，嚐起來會比一般果昔更像正餐餐點。因未經煮滾，具有巫婆湯所沒有的功效。湯品可單獨做為餐點食用；搭配沙拉則更有飽足感。湯品會在第5篇中做介紹，不妨與果昔一起比較它的味道。

本書用法

本書單位

1 杯 = 量杯 200ml ｜ 1 大匙 = 量匙 15ml ｜ 1 小匙 = 量匙 5ml

1 撮 = 拇指與食指捏起粉類的量 ｜ 些許 = 依個人口味的少量

★ 強力推薦初學者！任何人都能享用的大眾果汁。

☆ 味道與香氣比大眾果汁更進階的果汁。

● 一開始會不習慣，但愈喝愈能體驗箇中魅力的果汁。

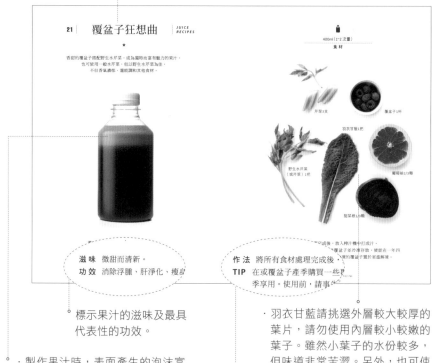

| 21 | 覆盆子狂想曲 | JUICE RECIPES |

★

香甜的覆盆子搭配野生水芹菜，成為獨特而富有魅力的果汁。
也可使用一般水芹菜，但以野生水芹菜為佳。
不但香氣濃郁，還能調和其他食材。

400ml（1~2次量）

食材

芹菜3支

覆盆子1杯

羽衣甘藍1把

野生水芹菜
（或芹菜）1把

葡萄柚2/3顆

甜菜根1/8顆

滋味 微甜而清新。

功效 消除浮腫、肝淨化、瘦身

作法 將所有食材處理完成後……放入榨汁機中打成汁。

TIP 在或覆盆子產季購買一些，……季享用。使用前，請事先……覆盆子差冷凍存放，便能在一年四……的覆盆子實於室溫解凍。

標示果汁的滋味及最具
代表性的功效。

· 製作果汁時，表面產生的泡沫富
含酵素。請務必一起飲用。

· 製作完成的果汁、果昔可冷藏保
存1~2天。

· 若將水果、蔬菜個別榨汁後，分
開保存可放3天，飲用時再混合
享用。

· 放入泡菜專門冰箱，更能維持新
鮮度。

· 羽衣甘藍請挑選外層較大較厚的
葉片，請勿使用內層較小較嫩的
葉子。雖然小葉子的水份較多，
但味道非常苦澀。另外，也可使
用明日葉等大片的葉子替代。

· 讓清洗、削切、去蒂等基本處理事項更
便利。

· 請將蘋果、小黃瓜、無花果、生薑、甜
菜根……等大部分的食材外皮洗淨後，
帶皮打成汁。

· 請將檸檬、葡萄柚、西瓜、哈密瓜、石
榴、柳橙、香蕉、酪梨的外皮去除。

· 請盡量將各種食材的籽去掉後再使用。
特別是蘋果、香瓜、哈密瓜的籽請務必
去除。

· 標示製作該果汁、果昔的食材。
· 食譜的實際份量可能會與照片呈現的有所不同。
· 若無特別標示，各食材皆以中等大小為準。
· 可用類似的食材替換書上所標示的食材（如：檸檬
　→葡萄柚），份量稍微不同也無妨。但依照書中標
　示的份量、食材來製作，是美味的黃金比例。
· 有標示水的情況除外，若不加水也無妨。

· 依據食材的水份含量不
　同，各果汁與果昔的容
　量從200~700ml不等。
· 請依個人情況，可以分
　1~3次飲用。

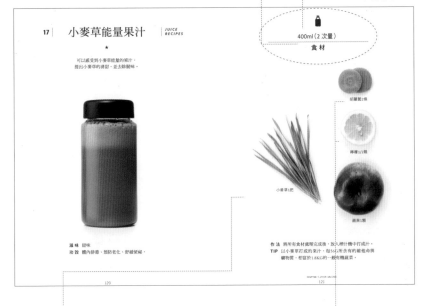

17 ｜ 小麥草能量果汁 ｜ *JUICE RECIPES*

★

可以感受到小麥草能量的果汁，
提出小麥草的清甜，並去除腥味。

400ml（2次量）
食材

胡蘿蔔2條

檸檬1/2顆

小麥草1把

蘋果1顆

滋味 甜味
功效 體內排毒，預防老化，舒緩便秘。

作法 將所有食材處理完成後，放入榨汁機中打成汁。
TIP 以小麥草打成的果汁，每56G所含有的維他命與
　　礦物質，相當於1.8KG的一般有機蔬菜。

120　　　121

CHAPTER 2.JUICE RECIPES

· 也可以常溫食材替代標
　示為冷凍的食材（如：
　冷凍香蕉→香蕉），但
　若依據標示放入食材，
　風味最佳。

· 有加冰塊的食譜，最適合冰涼飲用。

· 使用冷凍的樹莓、覆盆莓等冷凍莓果類時，請
　提早置於室溫中，解凍後再使用。若直接將冷
　凍的食材放入果汁機將無法打出汁，而會變成
　像冰淇淋的狀態。請連解凍時所產生的汁一同
　放入。

· 本書所介紹的果汁與果昔，皆不使用牛奶、豆
　奶、優格。而是以椰子水、椰奶、椰子奶油、
　杏仁奶油、杏仁奶等味道濃郁、有黏著性的食
　材替代。

· 比起直接購買現成的，建議親手製作椰奶、杏
　仁奶，製作方法請參考P39。

· 使用手搖杯時，為避免粉類黏附瓶底，請先倒
　入液體類食材，再放入粉類。

果汁食譜

美味的果汁淨化食譜

早安西瓜汁

適合做為早晨的第一杯果汁，
一邊感受西瓜的清甜，一邊開始愉快的一天吧！

滋味 微甜而清爽
功效 利尿、改善皮膚、強化腎臟。

200ml（1次量）

食材

西瓜1片（將西瓜分為8等分，
再切成3cm厚，取其中1片）

冰塊5塊

作法　將西瓜果肉放入榨汁機中，榨成汁，再放入冰塊。

TIP　也可用哈密瓜代替西瓜，兩者味道都不錯，亦可交替使用。
　　　可加水來調整甜度。

基本綠果汁

★

推薦給初次飲用綠果汁者。
淡雅的味道與香氣，任何人都不會感到排斥。

滋味 酸酸甜甜
功效 消除疲勞、緩和消化不良、保養皮膚。

400ml（1~2 次量）

食材

檸檬1/2顆

胡蘿蔔2條

蘋果1顆

菠菜1/3株

羽衣甘藍1把

作 法 將所有食材處理完成後，放入榨汁機中打成汁。

TIP 搭配些許檸檬，即可消除甘藍的腥味。

★

擁有草莓牛奶的顏色，成份卻與它完全不同。
究竟味道如何呢？直接體驗看看吧！

滋味 清爽的甜味
功效 有助於瘦身、緩和腸胃炎、淨化皮膚。

350ml（1次量）

食材

甜瓜（香瓜）1顆

葡萄柚3/4顆

作法 將所有食材處理完成後，放入榨汁機中打成汁。

TIP 請去除葡萄柚的皮，甜瓜（或香瓜）則可帶皮榨汁。香瓜的
籽不利消化，請去除。

清甜小麥草汁

★

讓小麥草汁變好喝的超人氣食譜，
在清甜的小麥草中，加入糖度高的葡萄，就是果汁變甜蜜的關鍵。

滋 味 甜味

功 效 排除身體酸性物質、供給能量、緩和經痛。

400ml（1~2 次量）

食 材

胡蘿蔔2條

檸檬1/2顆

菠菜1株
（3~5葉）

小麥草1把

水蜜桃1/2顆

葡萄3粒

作 法 將所有食材處理完成後，放入榨汁機中打成汁。

TIP 若沒有小麥草，也可以芽類蔬菜替代。請依個人喜好增減葡萄的量，以調整甜度。

夏日蜜桃夢

★

在讓人輕盈的夏日水果與蔬菜中，加入胡蘿蔔增添飽足感。
水蜜桃則可讓口感更柔和。

滋味 甜而柔和、滑順
功效 瘦身、恢復視力、緩和經痛。

350ml（1次量）

食 材

胡蘿蔔1條

菠菜1株

水蜜桃1顆

羽衣甘藍5片

芹菜1支　　小黃瓜1/2條

作 法 將所有食材處理完成後，放入榨汁機中打成汁。

TIP 建議選擇較硬的水蜜桃，若放入軟爛的水蜜桃，會使果汁變
濃稠，且殘渣過多會影響口感。

06

草莓優格果汁

★

雖然外觀呈綠色，卻神奇地有著草莓優格風味。
是任何人都會愛上的味道。

滋 味 酸酸甜甜
功 效 清血、緩和胃炎、平衡荷爾蒙。

250ml（1 次量）

食 材

芹菜2支

草莓1杯

蘋果1/2顆

羽衣甘藍1把

檸檬1/2顆

作 法 將所有食材處理完成後，放入榨汁機中打成汁。
TIP 實際製作時，不會加入優格，果汁的味道會更清爽、新鮮。

葡萄柚無負擔果汁

★

這是一道超簡單的果汁，
只要利用葡萄柚、檸檬……等糖度不高的水果，即可製成冰涼的飲料。

滋味 微酸
功效 清血、瘦身、強化肝功能。

200ml（1次量）

食材

冰塊5~6塊

葡萄柚1顆

作 法 將葡萄柚放入榨汁機或壓榨器中榨汁，再放入冰塊即完成。

TIP 果汁具有淨化人體的作用。特別適合在身體沉重、沒有活力時飲用。若以檸檬（1顆）替代葡萄柚時，請多加200ml的水。

平衡淨化果汁

★

具有良好的促進腸胃蠕動效果，很適合當作起床後的第一杯果汁。
品嚐清爽的水梨汁與酸溜溜的檸檬所調和的滋味。

滋味 清爽而酸甜
功效 治療呼吸器官疾病、解熱、降低膽固醇。

200ml（1 次量）

食 材

水梨1/3~1/4顆

生薑1段
（拇指大小）

檸檬1/2顆

水20ml

作 法 將所有食材處理完成後，放入榨汁機中打成汁，最後再加水。
TIP 若不加水會較甜，加水則可稀釋甜味。

★

有著彷彿雲朵繚繞的柔軟泡沫，是一杯富有藝術感的果汁。
放滿番茄，更有飽足感。

滋味 微酸而順口

功效 解渴、抗氧化、預防心血管疾病。

500ml（1~2 次量）
食 材

小番茄12顆
（或番茄2顆）

蘋果1顆

菠菜1株

檸檬1/4顆

小黃瓜1/2條

芹菜2支

作 法　將所有食材處理完成後，放入榨汁機中打成汁。

TIP　在懶洋洋的平日午後，很適合當成點心飲用。

10

森林池塘

★

放入哈密瓜、小黃瓜、青江菜等食材,製成清涼的果汁,
飲用時,彷彿走進了沁人心脾的森林。

滋味 清爽、不會太甜

功效 有益皮膚、毛髮健康、緩和關節炎、平衡體內酸鹼值。

500ml（1~2 次量）

食材

胡蘿蔔1條

小黃瓜1/2條

青江菜1株

哈密瓜1/8顆　　　芹菜2支　　　羽衣甘藍1把

作法　將所有食材處理完成後，放入榨汁機中打成汁。

TIP　哈密瓜的外皮與籽需去除，其餘材料則可整顆放入打汁。

窈窕佳人

光是看著這款果汁的顏色，便覺得朝氣蓬勃；
雖然是較深的粉紅色，但滋味卻像檸檬水般清爽。

滋 味 酸酸甜甜
功 效 預防成人病、消除疲勞、降低膽固醇。

400ml（2 次量）

食材

甜菜根1/4顆

小黃瓜1條

檸檬1顆

蘋果2顆

作法 將所有食材處理完成後，放入榨汁機中打成汁。
TIP 適合在早上或中午想轉換心情時飲用。

12 | 石榴的漸層美 | *JUICE RECIPES*

★

石榴的色澤總讓人無法忽視，
光想著即將做出的漂亮紅色果汁，心情就不自覺變好了！

滋味　酸酸甜甜
功效　抗氧化、皮膚美容、預防血管疾病。

500ml（1~2 次量）

食材

柳橙（柳丁）1顆

石榴1顆

作 法 將所有食材處理完成後，放入榨汁機中打成汁。

TIP 石榴含有豐富的類女性荷爾蒙成份，可緩和女性
的更年期症狀。

13 | 蔬菜與薑的驚喜

以甜度低的水果與水份多的蔬菜製成的果汁，隨時都能輕鬆來一杯。
溫熱的生薑，可調和寒性的蔬菜。

滋 味 純淨、清爽
功 效 皮膚保溼、平衡酸鹼質、瘦身功效。

500ml（1~2 次量）

食 材

胡蘿蔔1條

小黃瓜1/2條

蘋果1顆

菠菜（大）1株

芹菜4支

生薑1段
（拇指大小）

作 法 將所有食材處理完成後，放入榨汁機中打成汁。
TIP 青蘋果會比紅蘋果更適合。

沁綠提神飲料

★

這款果汁不會太甜，而且口感非常清爽。
在炙熱的夏日，加入冰塊飲用更暢快！

滋 味 微酸而純淨
功 效 清血、恢復視力、抗發炎。

500ml（1~2 次量）

食材

胡蘿蔔2條

羽衣甘藍1把

菠菜1/2株

芹菜2支

檸檬1顆

蘋果1顆

作法 將所有食材處理完成後，放入榨汁機中打成汁。

TIP 加入青蘋果，可使味道更清爽。

15 | 褐色水蜜桃

★

飲用這款果汁時，水蜜桃的香氣撲鼻而來，令人心情愉悅
在水蜜桃的產季，一定要試試。

滋 味　微甜而柔和

功 效　預防貧血、美容養顏、預防便祕。

500ml（1~2 次量）

食材

芹菜3支

小黃瓜1/2條

胡蘿蔔3條

水蜜桃1/2顆

菠菜1株

生薑1段
（拇指大小）

小型甜菜根1片
（或迷你甜椒1片）

作法 將所有食材處理完成後，放入榨汁機中打成汁。

TIP 比起軟嫩的水蜜桃，建議放入較硬的水蜜桃打汁，
風味更佳。

★

基本綠果汁的升級版！
清新的蔬菜與爽口的檸檬，加上胡蘿蔔，更能提升飽足感。

滋味　酸酸甜甜
功效　消除疲勞、養顏美容、保護視力。

200ml（1 次量）

食 材

檸檬1/2顆

芹菜1/2支

胡蘿蔔1/4條

羽衣甘藍1把

蘋果1/2顆

作 法 將所有食材處理完成後，放入榨汁機中打成汁。
TIP 小片的羽衣甘藍1把，大片的1片即可。

17 | 小麥草能量果汁

可以感受到小麥草能量的果汁，
提出小麥草的清甜，並去除腥味。

滋味 甜味
功效 體內排毒、預防老化、舒緩便祕。

400ml（2 次量）
_____

食材

胡蘿蔔2條

檸檬1/2顆

小麥草1把

蘋果1顆

作 法 將所有食材處理完成後，放入榨汁機中打成汁。

TIP 以小麥草打成的果汁，每56g所含有的維他命與
礦物質，相當於1.8kg的一般有機蔬菜。

18

家庭蔬菜汁

不妨試著製作市售的蔬菜汁，
加入滿滿的蔬菜，喚醒身心的元氣。

滋 味 不會太甜、口感厚實

功 效 抗氧化效果、預防貧血、強化肝功能。

500ml（1~2 次量）

食材

菠菜1株

巴西里1把
（或香菜）

胡蘿蔔1條

番茄3顆
（或小番茄18顆）

芹菜4支

生菜2片

檸檬1顆

小型甜菜根1片
（迷你甜椒1片）

作法 將所有食材處理完成後，放入榨汁機中打成汁。
TIP 因不另外加鹽，味道會比市售果汁樸實。

羽衣甘藍能量果汁

多放些能提供滿滿能量的羽衣甘藍，
讓自己隨時隨地活力加倍。

滋 味 帶有微微苦味、順口
功 效 提升活力、保護視力、清血。

500ml（1~2 次量）

食材

羽衣甘藍2把

蘋果1顆

芹菜3支

胡蘿蔔3條

作法 將所有食材處理完成後，放入榨汁機中打成汁。

TIP 若希望增添甜味，可放入紅蘋果；若想降低甜度，
則放青蘋果。

20

每日排毒果汁

★

這款果汁的食材,全都可在市場中輕鬆購得。
當厭倦綠色果汁時,不妨來杯可可色的果汁吧?

滋味 酸酸甜甜
功效 提供能量、消除疲勞、抗氧化效果。

400ml（1~2 次量）

食 材

胡蘿蔔1條

小型蘋果1顆

小型甜菜根1片
（迷你甜椒1片）

檸檬1顆

菠菜1株　　　芹菜2支　　　　　羽衣甘藍3片

作 法 將所有食材處理完成後，放入榨汁機中打成汁。
TIP 請使用富士蘋果等紅而甜的蘋果種類。

★

香甜的覆盆子搭配野生水芹菜，成為獨特而富有魅力的果汁。
也可使用一般水芹菜，但以野生水芹菜為佳，
不但香氣濃郁，還能調和其他食材。

滋 味 微甜而清新。
功 效 消除浮腫、肝淨化、瘦身效果。

400ml（1~2 次量）

食材

芹菜3支

覆盆子1杯

羽衣甘藍1把

野生水芹菜1把
（或芹菜）

葡萄柚2/3顆

甜菜根1/3顆

作法 將所有食材處理完成後，放入榨汁機中打成汁。

TIP 在或覆盆子產季購買一些覆盆子並冷凍存放，便能在一年四
季享用。使用前，請事先將冷凍的覆盆子置於室溫解凍。

22 | 來自秋天的果汁

★

若厭倦了一般綠果汁，不妨試試這款創意綠果汁。
擁有秋天豐碩的味道。

滋 味 酸酸甜甜
功 效 促進消化、預防貧血、清血。

300ml（1 次量）

食材

檸檬1顆

菠菜2株

芹菜3支

小型蘋果1/2顆

小型甜菜根2片
（小型甜椒2片）

水梨1/4顆

作 法 將所有食材處理完成後，放入榨汁機中打成汁。
TIP 家中若有各式水果，也可活用。

23

葡萄柚綠果汁

葡萄柚與綠色蔬菜的美味邂逅，
葡萄柚特有的微澀口感，讓果汁更有韻味。

滋味 微甜、純淨
功效 瘦身效果、預防骨質疏鬆、預防動脈硬化。

500ml（1~2 次量）

食材

菠菜1株

小黃瓜1/2條

芹菜3支

明日葉1把

胡蘿蔔2條

葡萄柚1顆

作法 將所有食材處理完成後，放入榨汁機中打成汁。

TIP 若不能接受明日葉的味道，也可以甜菜葉或蒲公
英葉來替代。

蔓越莓之吻

★

在綠果汁中，藏著紅色蔓越莓，
可充分感受蔓越莓的甜蜜滋味。

滋 味 酸酸甜甜、清香
功 效 緩和疼痛、消除壓力、強化血管。

400ml（1~2 次量）

食 材

野生水芹菜1把
（或芹菜）

胡蘿蔔2條

檸檬1顆

羽衣甘藍3把

蔓越莓1杯

作 法 將所有食材處理完成後，放入榨汁機中打成汁。

TIP 不可加入以糖加工過的蔓越莓乾，請放入新鮮的
蔓越莓。冷凍蔓越莓需退冰後再使用。

★

深沉的紫羅蘭色與淡淡的覆盆子香，交織成與眾不同的果汁。
覆盆子有益身體健康，男女皆宜。

滋 味　香甜、順口
功 效　具抗氧化效果、預防貧血、緩和經痛。

400ml（1~2次量）
_____

食材

羽衣甘藍1把

小黃瓜1條

覆盆子1杯
（或桑椹）

檸檬1顆

水梨1/3顆

菠菜1株

甜菜根1/2顆

作法 將所有食材處理完成後，放入榨汁機中打成汁。

TIP 在覆盆子產季購買覆盆子冷凍存放，便能在一年
　　　四季享用。使用前，請先置於室溫解凍。

柳橙冬季之歌

★

柳橙調和胡蘿蔔的溫暖色調，正好表現出這款果汁的特徵。
加入少許的生薑，可讓果汁風味更有層次。

滋 味　酸酸甜甜
功 效　消除疲勞、供給能量、具消炎作用。

400ml（1~2次量）

食材

胡蘿蔔2條

芹菜3支

生薑1段
（拇指大小）

柳橙（或柳丁）1顆

作法　將所有食材處理完成後，放入榨汁機中打成汁。

TIP　特別適合在冬天感到寒冷時飲用。

CHAPTER
04.

SMOOTHIE RECIPES

果昔食譜

本章將介紹適合做為復食餐
或替代正餐的果昔食譜。

★

在綠果昔嚥下喉嚨的瞬間，會感受到不可思議的滑順與甘甜。
擁有任進都會著迷的味道！這款果昔是最推薦的食譜之一，Must Make！

滋 味　滑順而清香
功 效　預防心血管疾病、保護視力、有益腦部健康。

300ml（1 次量）

食 材

菠菜1株

椰棗5~6粒

冰塊5塊

酪梨1/4顆

杏仁奶200ml
（或椰奶）

作 法 將所有食材處理完成後，與冰塊一同放入攪拌器中打勻。

TIP 將刀插入酪梨中，用手轉一圈後，即可輕鬆地切一半。再用刀輕
刺入果核中，稍微轉動即可去除。也可用手將外皮剝除。

香蕉的美味秘密

不愧是最具人氣的果昔，
即使每天喝，還是會時時想念。

滋 味 甜而滑順
功 效 提升能量、強化筋肉、改善便祕。

350ml（1次量）

食材

椰棗5粒

冰塊4塊

冷凍香蕉1條半

椰子水200ml

作法 將所有食材處理完成後，與冰塊一同放入攪拌器中打勻。

TIP 偶爾也可以冷凍芒果替代冷凍香蕉，便能享受不一樣的香氣與口感。

★

適當地將酸味與甜味調和，
不會過酸，可每天飲用，相當推薦。

滋味　酸酸甜甜
功效　消除疲勞、皮膚美容、保護心臟。

400ml（1~2 次量）

食材

羽衣甘藍2片

檸檬汁
1顆份量

芹菜1/2支

小黃瓜1/2條

蘋果1/2顆

酪梨1/4顆

水200ml

冷凍香蕉1條

冰塊5塊

作法 將所有食材處理完成後，與冰塊一同放入攪拌器中打勻。
TIP 酪梨可讓口感更滑順，請務必加入。

04 | 我的小女孩 | *SMOOTHIE RECIPES*

★

這款果汁讓人想起嬌小而甜美的女孩兒，
原來水蜜桃的甘甜與檸檬的酸味竟如此搭配。

滋味 酸酸甜甜
功效 消除疲勞、預防老化、促進血液循環。

350ml（1 次量）

食材

檸檬1顆

蜂蜜1大匙　　　　水蜜桃1顆　　　　水200ml

作法 將所有食材處理完成後，全部放入攪拌器中打勻。

TIP 加入黃肉水蜜桃，會比白肉更可口。

| # 熱帶嘉年華

結合各種熱帶水果,只要喝一口,
彷彿就像在燦爛陽光下享受熱情奔放的假期。

滋味 甜味
功效 幫助消化、改善便祕、改善心血管疾病。

300ml（1 次量）

食 材

鳳梨100g（1片的份量）

椰棗2粒

椰子水200ml

作 法　將所有食材處理完成後，全部放入攪拌器中打勻。

TIP　以糖水加工的鳳梨罐頭太甜，不適合加入果昔，請務
必使用新鮮鳳梨。

06

可可覆盆子果昔

擁有異國風的微酸味，
連顏色都令人愛不釋手。

滋 味 酸甜而順口

功 效 預防老化、改善血管疾病、舒緩更年期的不適。

350ml（1 次量）

食 材

竹鹽1撮

椰子奶油2大匙

椰子水180ml

覆盆子1/2杯

蜂蜜2大匙

冷凍香蕉1條

作 法 將所有食材處理完成後，全部放入攪拌器中打勻。

TIP 若喜歡偏酸的味道，也可再加入1~2大匙的檸檬汁。

| # 淡淡初秋味

以秋季的甜柿製成滑順的果昔，
擁有甘甜而熟悉的風味，男女老少皆宜。

滋味 甜而熟悉的味道

功效 保護視力、有益腦部健康、改善便祕。

300ml（1次量）

食材

肉桂粉少許

檸檬汁2大匙

甜柿1顆

椰棗3粒

菠菜2株

堅果類1/4杯

椰子水200m

作法 將所有食材處理完成後，全部放入攪拌器中打勻。

TIP 若沒有椰棗，請以一般紅棗6粒替代。

甜蜜可可

有時也會喝膩蔬果混合的新鮮味，這時，不妨試試香濃的可可味道。
本篇正是如巧克力奶昔一樣好喝的健康果昔。

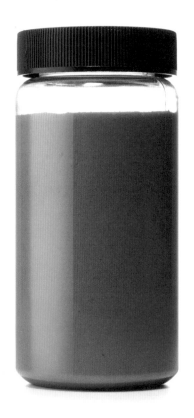

滋 味 甜而順口
功 效 立即供給能量、改善便祕、皮膚美容。

300ml（1次量）

食 材

腰果2~3粒

椰子奶油3大匙

有機無糖可可粉2大匙

蜂蜜1大匙

杏仁奶3/4杯

冷凍香蕉2條

作 法 將所有食材處理完成後，一同放入攪拌器中打勻。

TIP 這款果汁冰冰地喝最過癮，請務必放入冷凍後的香蕉。

09

奶油草莓

非常推薦在忍不住想吃甜點的時候，享用這款果昔，
入口即化的美味，將帶來滿滿的幸福感。

滋 味　柔順而香甜
功 效　預防皮膚老化、有益骨頭與牙齒健康、改善便祕。

300ml（1 次量）

食 材

椰棗1粒

竹鹽1撮

冷凍草莓1杯

杏仁奶油2大匙

冰塊5塊

冷凍香蕉1條

杏仁奶3/4杯

作 法 將所有食材處理完成後，與冰塊一同放入攪拌器中打勻。

TIP 也可以用杏仁1把替代杏仁奶油。

10 在無花果樹林間

★

加入無花果與生薑，即呈現華麗而優雅的滋味。
即使是平常不愛生薑的人，也能開心享用這杯果昔。

滋味 微甜、香氣淡雅
功效 預防老化、改善高血壓、改善便祕。

400ml（1~2 次量）

食 材

肉桂粉少許

生薑1/2段
（拇指大小）

無花果3顆

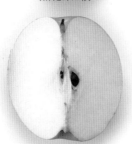

水梨1/3顆

椰子水180ml

綜合堅果1包
（20~25g）

作 法 將所有食材處理完成後，一同放入攪拌器中打勻。

TIP 將無花果與生薑洗淨，不要去皮，直接打成果昔。

奇亞籽香蕉果昔

★

將奇亞籽放入水中，會膨脹為10倍以上，可增添飽足感。
這款帶點甜味的果昔，不但適合做為瘦身料理，也可當成甜點。

滋味　淡淡香氣、甜味
功效　具瘦身作用、預防老化、促進血液循環。

300ml（1 次量）

食材

肉桂粉少許　　　　　　甜葉菊萃取物1滴

椰子奶油1小匙　　　　　香蕉1條

冰塊3塊　　　　有機無糖可可粉2小匙　　　奇亞籽水200ml（將1大匙奇亞籽放入200ml的水中，膨脹5小時以上）

作法　將所有食材處理完成後，與冰塊一同放入攪拌器中打勻。最後，再倒入奇亞籽水，並撒上杏仁粉。

TIP　務必先使奇亞籽膨脹，飲用時，才會有飽足感。也可以杏仁奶替代水。

12 | 頭腦能量補給站

有助於腦部活動的堅果類，及具異國風味的椰子水，意外撞出了奇妙滋味。
特別推薦給考生與經常需要新點子的忙碌上班族。

滋 味 淡淡香氣、口感柔順
功 效 促進腦部活動、強化免疫力、治療憂鬱症。

300ml（1 次量）

食 材

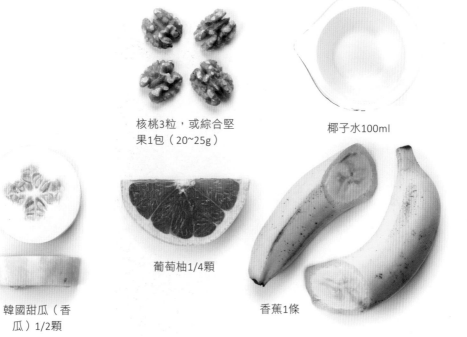

核桃3粒，或綜合堅
果1包（20~25g）

椰子水100ml

葡萄柚1/4顆

韓國甜瓜（香
瓜）1/2顆

香蕉1條

作 法 將所有食材處理完成後，一同放入攪拌器中打勻。

TIP 這款果昔也適合加入蜂蜜1大匙、枸杞2大匙。

★

潔西卡艾芭在新書《The Honest Life》中，介紹了這款飲品。
我們也來試試她為家人製作的健康果昔吧！

滋 味 微甜而清香
功 效 預防老化、保護視力、有益腦部健康。

400ml（1~2 次量）

食材

菠菜250ml

新鮮藍莓205ml

杏仁奶250ml

作法 將所有食材處理完成後，一同放入攪拌器中打勻。

TIP 若不在藍莓的產季，也可用冷凍藍莓替代。將菠菜放入量杯
中測量250ml的量，大約是手握住1把的量。

可可的深層甜味與蔓越莓的淡淡酸味，調和出青春的滋味。
放入冷凍香蕉及冷凍蔓越莓，即有冰涼的口感。

滋 味 微甜中帶點酸味

功 效 改善便祕、保護視力、有益腦部健康。

400ml（1~2 次量）

食 材

香草莢1/2條（或
香草粉1/4小匙）

有機無糖
可可粉1大匙

冰塊4塊

菠菜2株

酪梨1/2顆

冷凍蔓越莓1杯

冷凍香蕉1條

杏仁奶200ml

作 法 將所有食材處理完成後，與冰塊一同放入攪拌
器中打勻。

TIP 若希望口味再甜一點，可加入2小匙蜂蜜。

神秘果昔

★

初嘗這款果昔,會有種奇妙的感覺。
但其實是酸味中帶著餘韻不絕的甜味,令人心情愉悅。

滋 味　酸酸甜甜
功 效　幫助消化、具抗癌功效、解熱效果。

350ml（1 次量）

食 材

檸檬1顆

水梨1/2顆

冷凍草莓1杯

香蕉1條

冰塊7塊

椰子水50ml

水50ml

作 法 將所有食材處理完成後，一同放入攪拌器中打勻。

TIP 也可以等同份量的西瓜汁替代椰子水。

★

雖然加了草莓、香蕉等香甜的食材，但實際製成的果昔並不甜；
常常喝也不會膩，明天也要再做一杯！

滋 味　淡淡的甜味
功 效　預防老化、緩和血液循環、具瘦身功效。

200ml（1 次量）

食材

無花果1/4顆

奇亞籽1大匙

香蕉1/2條

冷凍草莓4顆

杏仁奶100ml

作法 將 1 大匙奇亞籽放入 100ml 的杏仁奶中，浸泡 5 小時以上至膨脹。再將所有食材處理完成後，一同放入攪拌器中打勻。

TIP 也可以凸頂柑（或碰柑）替代無花果。

17 | 活力滿滿果昔 SMOOTHIE RECIPES

★

當以補足人體的陰氣、陽氣而出名的覆盆子，和對視力有益的菠菜相遇時，
滋味比想像中更融合。這款果昔可補充一整天所需的能量。

滋 味 甜味
功 效 強化性機能、消除疲勞、保護視力。

350ml（1 次量）

食 材

菠菜1株

香蕉1條　　　　覆盆子1杯　　　　綠茶200ml

作 法　將所有食材處理完成後，一同放入攪拌器中打勻。

TIP　也可使用香草茶、水果茶的茶包泡茶以取代綠茶。藍莓
　　　茶尤其適合。

18 羅勒籽奶昔

SMOOTHIE RECIPES

★

偶爾不妨試試以生食粉簡單製成的奶昔，兼具清爽的甜味與飽足感。
今天，只要有這杯已足夠。

滋味 微甜、香氣淡雅
功效 具瘦身功效、降低膽固醇、預防皮膚老化。

300ml（1 次量）
_____

食 材

羅勒籽1小匙

蜂蜜1大匙　　　　生食粉1次份　　　　　　杏仁奶200ml
　　　　　　　　（30g，2大匙）

作 法　將羅勒籽放入杏仁奶中，浸泡 20 分鐘以上，使之膨脹。再將所有
　　　　食材放入手搖杯中，攪拌均勻。

TIP　　將羅勒籽放入水中膨脹後，口感更佳，務必使它膨脹後再食用。

★

飲用的瞬間，便覺得從頭酸到腳，
想獲得滿滿活力時，在運動的前後，各種需要能量的時刻，來一杯吧！

滋味 清爽的酸味
功效 幫助消化、具抗癌功效、緩和感冒症狀。

200ml（1 次量）

食 材

冰塊5塊

檸檬1顆

葡萄柚1顆

香蕉1條

作 法 將檸檬、葡萄柚以壓榨器榨汁。再將香蕉與冰塊一
同放入攪拌器中打勻，最後與果汁混合。

TIP 放入冷凍香蕉，可讓果昔更冰涼。

日日寄情

★

都聽過「一天一蘋果，醫生遠離我。」的說法吧？
還有一種說法是「番茄愈紅，醫生的臉就愈綠。」
這款果昔正綜合了兩種象徵健康的水果。

滋味　微甜，香氣淡雅
功效　皮膚美容、保護心臟、排出鈉。

250ml（1 次量）

食材

菠菜1株

長山核桃[※]2大匙
（或一般核桃）

番茄2顆

水100ml

蘋果1/2顆

羽衣甘藍3片

作 法 將所有食材處理完成後，一同放入攪拌器中打勻。

TIP 也可以一般核桃替代長山核桃；但加入長山核桃，
會更有異國風味。

※ 長山核桃，又名「薄殼山核桃」、「美國山核桃」、「碧根果」。

21 │ 米蘭達‧寇兒的早安奶昔 │ *SMOOTHIE RECIPES*

★

米蘭達‧寇兒因公開自己的早安奶昔食譜而成為話題焦點。
雖然這款飲品的味道不是每個人都適應，
但卻藏著淡淡的令人欲罷不能的上癮感喔！

滋 味 甜中帶苦

功 效 補充蛋白質、預防老化、有益腸道健康。

700ml（2~3次量）

食 材

瑪卡粉1大匙

糙米蛋白粉1.5大匙

枸杞1大匙

奇亞籽1大匙

螺旋藻粉1大匙

有機無糖可可粉1大匙

巴西莓粉1大匙

椰子水350ml

椰奶350ml

作法 將所有食材放入攪拌器中打勻。

TIP 奇亞籽可直接使用，或事先泡入椰奶中，使之膨脹。膨脹後的奇亞籽口感更滑順，且具飽足感。

深綠淨化

綠茶搭配小黃瓜，便成就一杯清爽的果昔。
想飲用沒有雜質的純淨滋味時，不妨選擇這款飲品。

滋 味 微甜，味道清爽而純淨
功 效 消除疲勞、具清血功效、排鈉。

350ml（1 次量）

食 材

芹菜1支

薑末1小匙

小黃瓜1/2條

蘋果1/2顆

綠茶200ml

作 法 　將所有食材處理完成後，一同放入攪拌器中打勻。

TIP 　綠茶與冰水非常搭配，請不要使用熱水。

★

一開始，螺旋藻的味道與氣味可能會令人卻步，
但別忘了，它能提供優質的植物性蛋白質。

滋 味 香氣淡雅、甜味
功 效 補充蛋白質、預防關節炎、有益腸道健康。

300ml（1 次量）

食材

蜂蜜2小匙

螺旋藻粉1小匙　　　　　生食粉1/4杯　　　　　杏仁奶180ml

作法　先將杏仁奶放入手搖杯中，再放入其他食材均勻攪拌。

TIP　若無法接受螺旋藻的氣味，也可以蛋白質粉替代。

完美至極的莓果飲

★

匯集了各種具豐富抗氧化功效的莓果類，
只要不間斷地攝取，就能擁有令人稱羨的絕佳膚質。

滋 味　香氣淡雅、甜味
功 效　具抗氧化功效、有益腦部健康、預防心臟疾病。

350ml（1 次量）
食材

核桃2粒

檸檬汁1大匙

椰子粉1/4杯

枸杞1/4杯

巴西莓粉2大匙

羽衣甘藍1把

蜂蜜1大匙

水梨1/2顆

椰子水200ml

作 法 將所有食材處理完成後，一同放入攪拌器中打勻。

TIP 也可將去皮的1/4顆檸檬替代檸檬汁，整顆放入打汁。

★

這款果昔擁有讓人驚豔的色澤，實際上卻順口且有益健康，
包含根莖類植物的溫暖氣息，與堅果類的飽足能量。

滋味 甜而滑順
功效 有益腸道健康、保護視力、供給能量。

450ml（1~2 次量）

食 材

腰果1/4杯

冷凍草莓1杯

椰棗3粒

胡蘿蔔1條

小型甜菜根1塊
（迷你甜椒1大塊）

水300ml

作 法 將所有食材處理完成後，一同放入攪拌器中打勻。

TIP 椰棗含有豐富的鉀，可預防腦中風；也有助於排出
體內的鈉。

大人時光

枸杞帶點中藥的氣味，眾人的喜厭非常兩極，
一旦嚐過了一次，就會常常想念這個味道。

滋 味　甜中帶苦
功 效　預防腦中風、預防老化、改善便祕。

300ml（1 次量）

食 材

芹菜2支

小型甜菜根1塊
（或迷你甜椒1大塊）

葡萄5粒

枸杞1/4杯

檸檬汁1顆

蘋果1/2顆

香蕉1條

水100ml

作 法　將所有食材處理完成後，一同放入攪拌器中打勻。

TIP　可用香蕉來調整果昔的甜度，若喜歡更甜的口味，
　　　可多放一些香蕉。

特別果汁&果昔食譜

本章將介紹有特色的果汁與暖呼呼的果昔，
以及無需烹調的生湯食譜。

速成綠果汁

★

這是一款不需清洗蔬菜的超簡單果汁，使用市售的綠色蔬菜汁也能製作。
最重要的是不經熱處理，完整保存營養與酵素。

滋 味 香氣淡雅、口感滑順
功 效 具瘦身作用、有助於腦部活動、皮膚美容。

400ml（1~2次量）

食材

綠色蔬菜汁200ml

杏仁奶200ml

作法 將所有食材放入手搖杯中，均勻攪拌。

TIP 可使用市售的綠色蔬菜汁。也可以椰奶替代杏仁奶。

新鮮奇亞籽果汁

★

希望擁有飽足感時，不妨待奇亞籽膨脹後，再加入果汁中。
想更輕鬆地攝取奇亞籽的營養時，就這樣直接飲用吧！

滋味 微甜、味道純淨
功效 排鈉、皮膚美容、消除疲勞。

400ml（1~2 次量）

食材

奇亞籽水200ml
（奇亞籽1大匙＋水200ml）

檸檬1顆

蜂蜜1大匙

芹菜3支

小黃瓜1/2條

作法 在 200ml 的水中加入 1 大匙奇亞籽，浸泡 20 分鐘，使之膨脹。再將其他食材處理完成後，放入榨汁機中打成汁，最後，加入奇亞籽水。

TIP 加一些冰塊，可讓果汁更清涼。

★

以巧克力為基底做出美味而健康的可可亞果汁，
在甜甜的果汁中加入胡蘿蔔，即使在瘦身時飲用，也不會有罪惡感。

滋味 甜味
功效 保護視力、改善消化不良、養顏美容。

200ml（1 次量）

_____

食 材

甜葉菊萃取物1~2滴

有機無糖
可可粉1大匙

胡蘿蔔汁200ml

作 法　在榨汁機中放入 1~2 條胡蘿蔔，打成汁後，放入其餘食材
並均勻攪拌。

TIP　若希望甜度降低，也可省略甜葉菊萃取物，或以1大匙蜂蜜
替代。

瑪卡能量果汁

★

這款果汁具有令人驚奇的紅豆刨冰風味，
加入瑪卡粉的飲料，將帶來滿滿活力。

滋 味 甜味
功 效 提升能量、加強體力、調節賀爾蒙。

400ml（1~2 次量）
食 材

小葡萄5粒

蘋果2顆

瑪卡粉2小匙

小黃瓜1/2條

作 法 將食材處理完成後，一同放入榨汁機中
打成汁。然後加入瑪卡粉並攪拌均勻。

TIP 也可以50ml的水替代小黃瓜。

小麥草粉果汁

★

販售小麥草的地方不多，若想隨時購買新鮮的小麥草，可能不太容易。
平時可準備小麥草粉放在家中，便能隨時取用製成果汁。

滋味 甜味
功效 淨化體內的毒素、抗氧化、緩和貧血。

400ml（1~2次量）
食 材

檸檬1/2顆

蘋果1顆　　　　　　小麥草粉1小匙　　　　　　　胡蘿蔔1條

作 法 將食材處理完成後，一同放入榨汁機中
　　　打成汁。再加入小麥草粉並攪拌均勻。
TIP 請使用富士蘋果等較甜的蘋果種類。

★

在滋養的土地中生長的根莖類蔬菜，可溫暖身體。
特別推薦在冷颼颼的冬季飲用這款果汁。

滋 味 香氣淡雅、口感滑順
功 效 增強免疫力、預防感冒、保護視力。

400ml（1~2 次量）

食材

胡蘿蔔1條

蘋果1顆

地瓜1個

生薑1段
（拇指大小）

作法 將食材處理完成後，一同放入榨汁機中打成汁。

TIP 地瓜不需經過水煮，請帶皮整顆放入打汁。飲用這
款果汁，可獲得長時間的飽足感，平時也可代替正
餐食用。

07 | 速成杏仁奶

★

一般杏仁奶是將杏仁與水混合磨碎後，留下瀝出的汁。
只要依照本篇食譜，即可在1分鐘內，快速製成杏仁奶。

滋 味 比牛奶更香濃
功 效 預防皮膚老化、降低膽固醇、使腦部活化。

200ml（1 次量）

食 材

竹鹽1撮

蜂蜜1小匙　　　杏仁奶油2大匙　　　水200ml

作 法 將所有食材放入攪拌器中打勻。
TIP 也可依個人喜好加入香草粉或杏仁粉。

08 | 綠茶果昔　

喜歡綠茶的人很多，
不妨將綠茶的微苦魅力融入果昔吧！

滋味　甜中帶點微苦

功效　保護視力、改善便祕、預防老化。

400ml（1~2 次量）

食 材

綠茶粉2大匙

椰子水200ml

香蕉1根

冷凍草莓1杯

作 法 將所有食材處理完成後，一同放入攪拌器中打勻。
TIP 若希望口味再甜一點，不妨加入1大匙的蜂蜜。

★

甜甜的香蕉與在口中化開的綿密杏仁奶油，交織成令人中毒的果昔。
在涼颼颼的換季時節飲用，能有助於預防感冒。是值得大力推薦的一款！

滋味　甜而順口
功效　皮膚美容、使腦部活化、強化免疫力。

200ml（1 次量）

食 材

椰棗3粒

肉桂粉 少許

生薑1/2段
（拇指大小）

竹鹽1撮

熱水3/4杯

杏仁奶油2大匙

香蕉1條

作 法 將所有食材處理完成後，一同放入攪拌器中打勻。
TIP 香蕉遇到熱水時，會產生滑潤的口感。

10 | 放鬆身心的熱果昔

SPECIAL RECIPES

★

這款果昔融入香草及柑橘的迷人風味，
在寒風刺骨的日子喝上一杯，便能放鬆身子，釋放一天的疲憊。

滋味 甜味
功效 具瘦身作用。

300ml（1 次量）

食材

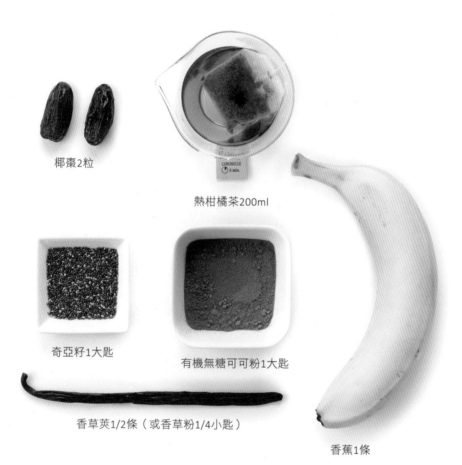

椰棗2粒

熱柑橘茶200ml

奇亞籽1大匙

有機無糖可可粉1大匙

香草莢1/2條（或香草粉1/4小匙）

香蕉1條

作法 將所有食材處理完成後，一同放入攪拌器中打勻。

TIP 除了柑橘，也可活用玫瑰果等各式各樣的香草茶包來取代。

11

樸實直率的熱巧克力

★

即使沒有牛奶，也可做出好喝的熱巧克力。秘訣就是堅果類食材！
去掉乳脂肪，忠實呈現可可亞的滑順口感。

滋 味 香氣淡雅、口感滑順
功 效 預防成人病、預防貧血、消除疲勞。

200ml（1次量）

食材

竹鹽1小撮

有機無糖可可粉2大匙

蜂蜜1大匙

腰果漿200ml
（腰果14g＋水200ml）

香草莢1/2條（或香草粉1/4小匙）

作法 將腰果、水放入攪拌器中打勻，再與其他食材放入鍋中，
以小火稍微滾煮。

TIP 不需將腰果漿中的殘渣過濾。此外，也可以杏仁奶代替。

綠奶霜熱果昔

請拋開綠果昔只能冷冷喝的偏見；
本篇將介紹更富魅力的溫暖綠果昔。

滋 味 滑順帶有甜味

功 效 預防心血管疾病、保護視力、改善憂鬱症。

300ml（1次量）

食 材

菠菜1株

椰奶200ml

香蕉1條

香草莢1/2條（或香草粉1/4小匙）

作法 將椰奶加熱後，與其他食材一同放入攪拌器中打勻。

TIP 因市售的椰奶脂肪含量較多，會對身體造成負擔，建議使用自製椰奶。

13

SUPER可可亞

★

這是一款以可提升精力的瑪卡粉製成的熱巧克力。
加入蜂蜜、肉桂、生薑，有助於緩和感冒，
感覺寒冷時，立刻來一杯吧！

滋 味 甜味
功 效 提升精力、有益腦部健康、有益骨頭與牙齒的健康。

300ml（1次量）

食材

肉桂粉 少許 　　　　竹鹽1撮 　　　　生薑（拇指大小）1段

瑪卡粉2小匙 　　　　　　有機無糖可可粉1大匙

蜂蜜1大匙 　　　　　　　腰果漿300ml
　　　　　　　　　　　（腰果21g＋水300ml）

香草莢1/2條（或香草粉1/4小匙）

作法 將腰果、水放入攪拌器中打勻，再與其他食材放入鍋
　　　中，以小火稍微滾煮。

TIP 將香草莢對切成一半，再刮出香草籽來使用。

14 | 自製綜合水果杯

★

最近流行的綜合水果杯，價格並不便宜；
但在家自製其實很簡單，只要將各種水果放在巴西莓果昔上，
可口又健康。

滋 味 酸酸甜甜

功 效 具抗氧化功效、降低膽固醇、立即供給能量。

250ml（1 次量）

食 材

《果昔》

巴西莓粉2大匙

蜂蜜1大匙

香蕉1/2條

冷凍藍莓1杯

水 少許

《鋪料》

新鮮藍莓、覆盆子各1大匙

芒果、奇異果、香蕉各1/4個

枸杞1大匙　　椰子粉1大匙

奇亞籽1小匙　　可可豆1大匙

作 法　將所有果昔的食材放入攪拌器中打勻。將果昔倒入容
器中，再放上鋪料即完成。

TIP　可依個人口味增加蜂蜜的量，使果昔更香甜。

湯姆與胡蘿蔔

★

以胡蘿蔔汁為基底，
嚐得到濃郁的湯品與豐富的營養。

滋味　甜味、口感滑順
功效　保護視力、預防老化、預防癌症。

400ml（1~2次量）

食材

檸檬汁2大匙

竹鹽2撮

新鮮香草6葉

番茄1顆

橄欖油1大匙

青辣椒1/4條

菠菜1株

酪梨1/2顆

胡蘿蔔汁1杯

作法 將香草與橄欖油以外的食材放入攪拌器中打勻，
再加入香草與橄欖油。

TIP 可以留下一些食材，最後放入湯中做為裝飾。

16 | 絕品芝麻湯

★

香郁的芝麻湯可以替代正餐，較鹹的口味是這道湯品的特色，
若希望湯頭淡一點，不妨依個人口味調整醬油與味噌的份量。

滋 味 鹹香而濃郁

功 效 降低血中膽固醇、預防成人病、預防老化。

400ml（1~2次量）

食 材

蒜頭1辦

生薑（拇指大小）1段

辣椒粉 少許

香菜1株

番茄1/2顆
（小番茄3顆）

海苔酥 少許

檸檬汁1/2顆量

香油 少許

紫洋蔥1塊
（1/10顆）

小黃瓜2/3條

蘋果1/2顆

味噌2大匙

紅甜椒1/4顆

芹菜2支

醬油1小匙

芝麻1/2杯

水100ml

作 法 將所有食材處理完成後，一同放入攪拌器中打勻。

TIP 雖然要準備的食材很多，但請務必全部加入。

17 | 清爽的青江菜濃湯

★

飽足而濃厚的湯品，可替代正餐飲用。
由青江菜與小黃瓜調和出清爽感，再依個人口味加入辣椒粉，不知有多迷人呢！

滋 味 辣而清爽
功 效 排出鈉、皮膚美容、能量供給。

400ml（1~2 次量）

食材

橄欖油1小匙

味噌1小匙

胡椒1撮

檸檬汁1大匙

薑末1小匙

辣椒粉 少許

小黃瓜1/3條

醬油 少許

水100ml

酪梨1/2顆

青江菜1把

作法 將所有食材處理完成後，一同放入攪拌器中打勻。

TIP 韓式味噌較鹹，若使用韓式味噌，請減少用量。也可以
用小黃瓜汁或青江菜汁替代水，使味道與營養更豐富。

18 | 椰子咖哩湯

帶有異國風的椰子，散發出令人心情愉悅的味道與香氣。
味道有點類似小時候吃的零食「奇多玉米棒」。

滋 味 甜中帶鹹
功 效 促進消化、改善便祕、消除疲勞。

400ml（1~2 次量）

_____

食 材

辣椒粉 少許

咖哩粉1/2小匙

味噌 少許

檸檬汁1大匙

蒜末1/4小匙

椰子水100ml

椰子奶油1大匙

香菜1株

鳳梨1杯

椰奶100ml

作法 將所有食材處理完成後，一同放入攪拌器中打勻。

TIP 也可以薑黃粉替代咖哩粉。

芒果香菜湯

★

香菜的獨特氣味，可提升湯的層次。
即使原本不喜歡香菜的，也能品嚐出箇中的好滋味。

滋味 香甜
功效 保護視力、有益腦部健康、具瘦身功效。

500ml（1~2 次量）

食材

辣椒粉 少許

奇亞籽1大匙

菠菜1株

芒果1顆

鳳梨1杯

香菜1株

椰奶1杯

作 法 將奇亞籽放入椰奶中，浸泡 5 小時以上。再將香菜與辣椒粉
以外的食材放入攪拌器中打勻。將湯倒入容器中，最後加入
香菜與胡椒粉。

TIP 務必記得最後要加入香菜。請使用自製的新鮮椰奶。

★

加入大黃瓜與酪梨，做出濃稠的湯品。
請享用新鮮冷調的蔬菜香氣與濕潤口感。

滋味　清爽、辣味
功效　具抗氧化作用、預防高血壓與心臟病、排除體內老廢物質。

400ml（1~2次量）

食材

芹菜1支

橄欖5粒

胡椒 少許

辣椒粉1/4小匙

竹鹽1撮

甜椒1/4顆

香菜 少許

酪梨1/2顆

番茄2顆

橄欖油2大匙

洋蔥末1大匙

大黃瓜1/4條

作 法　將所有食材處理完成後，一同放入攪拌器中打勻。
　　　　也可放上剩餘的食材做裝飾。

TIP　請勿將大黃瓜煮熟，直接以生的打汁即可。

Index

果汁

來自秋季的果汁　　　　　　　　　　130
檸檬1顆+小型蘋果1/2顆+菠菜2株+芹菜3支+小型甜菜根2片（或小型甜椒2片）+水梨1/4顆

早安西瓜汁　　　　　　　　　　　　88
西瓜1片（將西瓜分為8等分，再切成3cm厚，取其中一片）+冰塊5塊

窈窕佳人　　　　　　　　　　　　　108
甜菜根1/4顆+小黃瓜1條+檸檬1顆+蘋果2顆

沁綠提神飲料　　　　　　　　　　　114
胡蘿蔔2條+菠菜1/2株+檸檬1顆+蘋果1顆+羽衣甘藍1把+芹菜2支

深綠檸檬汁　　　　　　　　　　　　118
檸檬1/2顆+胡蘿蔔1/4條+羽衣甘藍1把+芹菜1/2支+蘋果1/2顆

每日排毒果汁　　　　　　　　　　　126
胡蘿蔔1條+小型蘋果1顆+小型甜菜根1片（或小型甜椒1片）+檸檬1顆+菠菜1株+芹菜2支+羽衣甘藍3片

草莓優格果汁　　　　　　　　　　　98
芹菜2支+草莓1杯+蘋果1/2顆+羽衣甘藍1把+檸檬1/2顆

小麥草能量果汁　　　　　　　　　　120
胡蘿蔔2條+檸檬1/2顆+小麥草1把+蘋果1顆

紫羅蘭覆盆莓果汁　　　　　　　　　136
羽衣甘藍1把+小黃瓜1條+覆盆子（或桑葚）1杯+檸檬1顆+水梨1/3顆+菠菜1株+甜菜根1/2顆

基本綠果汁　　　　　　　　　　　　90
檸檬1/2顆+胡蘿蔔2條+蘋果1顆+菠菜1/3株+羽衣甘藍1把

蔬菜與薑的驚喜　　　　　　　　　　112
胡蘿蔔1條+小黃瓜1/2條+蘋果1顆+菠菜（大）1株+芹菜4支+生薑（拇指大小）1段

覆盆子狂想曲   128
芹菜3支+覆盆子1杯+葡萄柚2/3顆+野生水芹菜（或芹菜）1把+羽衣甘藍1把+甜菜根1/3顆

夏日蜜桃夢   96
胡蘿蔔1條+菠菜1株+水蜜桃1顆+羽衣甘藍5片+芹菜1支+小黃瓜1/2條

石榴的漸層美   110
柳橙（柳丁）1顆+石榴1顆

清甜小麥草汁   94
胡蘿蔔2條＋小麥草1把＋檸檬1/2顆＋菠菜3把（3~5葉）＋水蜜桃1/2顆＋葡萄3粒

葡萄柚無負擔果汁   100
冰塊5~6塊＋葡萄柚1顆

我不是草莓牛奶   92
甜瓜（香瓜）1顆＋葡萄柚3/4顆

羽衣甘藍能量果汁   124
羽衣甘藍2把＋蘋果1顆＋胡蘿蔔3條＋芹菜3支

柳橙冬季之歌   138
胡蘿蔔2條＋柳橙（或柳丁）1顆＋芹菜3支＋生薑（拇指大小）1段

森林池塘   106
胡蘿蔔1條＋小黃瓜1/2條＋青江菜1株＋哈密瓜1/8顆＋芹菜2支＋羽衣甘藍1把

葡萄柚綠果汁   132
菠菜1株＋小黃瓜1/2條＋芹菜3支＋明日葉1把＋葡萄柚1顆＋胡蘿蔔2條

家庭蔬菜汁   122
菠菜1株＋巴西里（或香菜）1把＋胡蘿蔔1條＋番茄3顆（或小蕃茄8顆）＋生菜2片＋芹菜4支＋檸檬1顆＋小型甜菜根1片（或迷你甜椒1片）

蔓越莓之吻   134
胡蘿蔔2條＋野生水芹菜（或芹菜）1把＋檸檬1顆＋羽衣甘藍3把＋蔓越莓1杯

平衡淨化果汁 102
水梨1/3~1/4顆＋生薑（拇指大小）1段＋檸檬1/2顆＋水20ml

番茄雲霧 104
小番茄12顆（或番茄2顆）＋蘋果1顆＋菠菜1株＋檸檬1/4顆＋小黃瓜1/2條＋芹菜2支

褐色水蜜桃 116
芹菜3支＋小黃瓜1/2條＋胡蘿蔔3條＋水蜜桃1/2顆＋生薑（拇指大小）1段＋小型甜菜根（或迷你甜椒1片）1片＋菠菜1株

果昔

淡淡初秋味 154
肉桂粉 少許＋檸檬汁2大匙＋甜柿1顆＋椰棗3粒＋菠菜2株＋堅果類1/4杯＋椰子水200ml

綠色檸檬果昔 146
羽衣甘藍2片＋檸檬汁1顆＋芹菜1/2支＋小黃瓜1/2條＋蘋果1/2顆＋酪梨1/4顆＋水200ml＋冷凍香蕉1條＋冰塊5塊

甜蜜可可 156
腰果2~3粒＋椰子奶油3大匙＋有機無糖可可粉2大匙＋蜂蜜1大匙＋冷凍香蕉2條＋杏仁奶3/4杯

Lady CoCo 168
香草莢1/2條（或香草粉1/4小匙）＋有機無糖可可粉1大匙＋冰塊4塊＋菠菜2株＋酪梨1/2顆＋冷凍蔓越莓1杯+冷凍香蕉1條+杏仁奶200ml

我的小女孩 148
檸檬1顆＋蜂蜜1大匙＋水蜜桃1顆＋水200ml

日日寄情 180
菠菜1株＋長山核桃（或一般核桃）2大匙＋番茄2顆＋水100ml＋蘋果1/2顆＋羽衣甘藍3片

在無花果樹林間 160
肉桂粉 少許＋生薑（拇指大小）1/2段＋無花果3顆＋綜合堅果1包（20~25g）＋水梨1/3顆＋椰子水180ml

米蘭達·寇兒的早安奶昔　　182
瑪卡粉1大匙＋糙米蛋白粉1.5大匙＋枸杞1大匙＋奇亞籽1大匙＋螺旋藻粉1大匙＋有機無糖可可粉1大匙＋巴西莓粉1大匙＋椰子水350ml＋椰奶350ml

香蕉的美味秘密　　144
椰棗5粒＋冰塊4塊＋冷凍香蕉1條半＋椰子水200ml

羅勒籽奶昔　　176
羅勒籽1小匙＋蜂蜜1大匙＋生食粉1次份（30g，2大匙）＋杏仁奶200ml

頭腦能量補給站　　164
核桃3粒，或綜合堅果1包（20~25g）＋椰子水100ml＋韓國甜瓜（香瓜）1/2顆＋葡萄柚1/4顆＋香蕉1條

血腥瑪麗　　190
冷凍草莓1杯＋腰果1/4杯＋椰棗3粒＋胡蘿蔔1條＋小型甜菜根1塊（迷你甜椒1大塊）＋水300ml

維他命能量果昔　　178
冰塊5塊＋檸檬1顆＋葡萄柚1顆＋香蕉1條

完美至極的莓果飲　　188
核桃2粒＋檸檬汁1大匙＋椰子粉1/4杯＋枸杞1/4杯＋巴西莓粉2大匙＋羽衣甘藍1把＋蜂蜜1大匙＋水梨1/2顆＋椰子水200ml

活力滿滿果昔　　174
菠菜1把＋香蕉1條＋覆盆子1杯＋綠茶200ml

螺旋藻杏仁奶昔　　186
蜂蜜2小匙＋螺旋藻粉1小匙＋生食粉1/4杯＋杏仁奶180ml

神秘果昔　　170
檸檬1顆＋水梨1/2顆＋冷凍草莓1杯＋香蕉1條＋冰塊7塊＋椰子水50ml＋水50ml

大人時間　　192
芹菜2支＋小型甜菜根1塊（迷你甜椒1大塊）＋葡萄5粒＋枸杞1/4杯＋檸檬汁1顆＋蘋果1/2顆＋香蕉1條＋水100ml

YOU MUST LOVE ME　　142
菠菜1株＋椰棗5~6粒＋冰塊5塊＋酪梨1/4顆＋杏仁奶（或椰奶）200ml

潔西卡・艾芭的早安果昔　　　　　　　　　166
菠菜250ml＋新鮮藍莓250ml＋杏仁奶250ml

奇亞籽香蕉果昔　　　　　　　　　　　　162
肉桂粉少許＋甜葉菊萃取物1滴＋椰子奶油1小匙＋香蕉1條＋冰塊3塊＋有
機無糖可可粉2小匙＋奇亞籽水200ml（將1大匙奇亞籽放入200ml的水中，
膨脹5小時以上）

奇亞籽當家　　　　　　　　　　　　　　172
無花果1/4顆＋奇亞籽1大匙＋香蕉1/2條＋冷凍草莓4顆＋杏仁奶100ml

可可覆盆子果昔　　　　　　　　　　　　152
竹鹽1撮＋椰子奶油2大匙＋椰子水180ml＋覆盆子1/2杯＋冷凍香蕉1條＋蜂
蜜2大匙

奶油草莓　　　　　　　　　　　　　　　158
竹鹽1撮＋椰棗1粒＋冷凍草莓1杯＋杏仁奶油2大匙＋冰塊5塊＋冷凍香蕉1
條＋杏仁奶3/4杯

深綠淨化　　　　　　　　　　　　　　　184
芹菜1支＋薑末1小匙＋小黃瓜1/2條＋蘋果1/2顆＋綠茶200ml

熱帶嘉年華　　　　　　　　　　　　　　150
鳳梨100g＋椰棗2粒＋椰子水200ml

特別果汁&果昔

綠茶果昔　　　　　　　　　　　　　　　210
綠茶粉2大匙＋椰子水200ml＋香蕉1條＋冷凍草莓1杯

放鬆身心的熱果昔　　　　　　　　　　　214
椰棗2粒＋熱柑橘茶200ml＋奇亞籽1大匙＋有機無糖可可粉1大匙＋香草莢
1/2條（或香草粉1/4小匙）＋香蕉1條

瑪卡能量果汁　　　　　　　　　　　　　202
小葡萄5粒＋蘋果2顆＋瑪卡粉2小匙＋小黃瓜1/2條

芒果香菜湯　　　　　　　　　　　　　　232
菠菜1株＋辣椒粉 少許＋奇亞籽1大匙＋椰奶1杯＋芒果1顆＋鳳梨1杯＋
香菜1株

滑潤熱果昔　　　　　　　　　　　　　212
椰棗3粒＋竹鹽1撮＋肉桂粉 少許＋生薑（拇指大小）1/2段＋熱水3/4杯
＋杏仁奶油2大匙＋香蕉1條

小麥草粉果汁　　　　　　　　　　　　204
蘋果1顆＋小麥草粉1小匙＋檸檬1/2顆＋胡蘿蔔1條

根莖類蔬菜的力量　　　　　　　　　　206
胡蘿蔔1條＋蘋果1顆＋地瓜1個＋生薑（拇指大小）1段

樸實直率的熱巧克力　　　　　　　　　216
竹鹽1小撮＋有機無糖可可粉2小匙＋蜂蜜1大匙＋腰果漿200ml（腰果
14g＋水200ml）＋香草莢1/2條（或香草粉1/4小匙）

SUPER 可可亞　　　　　　　　　　　220
肉桂粉 少許＋竹鹽1撮＋生薑（拇指大小）1段＋瑪卡粉2小匙＋有機無糖
可可粉1大匙＋蜂蜜1大匙＋腰果漿300ml（腰果21g＋水300ml）＋香草莢
1/2條（或香草粉1/4小匙）

清爽的青江菜濃湯　　　　　　　　　　228
橄欖油1小匙＋味噌1小匙＋薑末1小匙＋胡椒1撮＋辣椒粉 少許＋檸檬汁1
大匙＋小黃瓜1/3條＋醬油 少許＋水100ml＋酪梨1/2顆＋青江菜1把

秘密可可亞果汁　　　　　　　　　　　200
甜葉菊萃取物1~2滴＋有機無糖可可粉1大匙＋胡蘿蔔汁200ml

營養滿分的蔬菜湯　　　　　　　　　　234
橄欖5粒＋辣椒粉1/4小匙＋芹菜1支＋胡椒 少許＋甜椒1/4顆＋竹鹽1撮＋
香菜 少許＋酪梨1/2顆＋番茄2顆＋橄欖油2大匙＋洋蔥末1大匙＋大黃瓜
1/4條

椰子咖哩湯　　　　　　　　　　　　　230
味噌 少許＋辣椒粉 少許＋咖哩粉1/2小匙＋椰子水100ml＋檸檬汁1大匙＋
蒜末1/4小匙＋椰子奶油1大匙＋鳳梨1杯＋香菜1株＋椰奶100ml

速成綠果汁　　　　　　　　　　　　　196
綠色蔬菜汁200ml＋杏仁奶200ml

速成杏仁奶　　　　　　　　　　　　　208
竹鹽1撮＋蜂蜜1小匙＋杏仁奶油2大匙＋水200ml

綠奶霜熱果昔　218
菠菜1株＋椰奶200ml＋香蕉1條＋香草莢1/2條（或香草粉1/4小匙）

湯姆與胡蘿蔔　224
檸檬汁2大匙＋竹鹽2撮＋新鮮的香草6菜＋番茄1顆＋橄欖油1大匙＋青辣椒1/4條＋菠菜1株＋酪梨1/2顆＋胡蘿蔔汁1杯

絕品芝麻湯　226
蒜頭1瓣＋生薑（拇指大小）1段＋辣椒粉 少許＋番茄1/2顆（小番茄3顆）＋香油 少許＋紫洋蔥1塊＋海苔酥 少許＋檸檬汁1/2顆量＋香菜1株＋味噌2大匙＋紅甜椒1/4顆＋芹菜2支＋小黃瓜2/3條＋蘋果1/2顆＋醬油1小匙＋芝麻1/2杯＋水100ml

新鮮奇亞籽果汁　198
奇亞籽水200ml（奇亞籽1大匙＋水200ml）＋檸檬1顆＋小黃瓜1/2條＋蜂蜜1大匙＋芹菜3支

自製綜合水果杯　222
《果昔》
巴西莓粉2大匙＋蜂蜜1大匙＋香蕉1/2條＋冷凍藍莓1杯＋水 少許
《鋪料》
新鮮藍莓、覆盆子各1大匙＋芒果、奇異果、香蕉各1/4個＋枸杞1大匙＋椰子粉1大匙＋奇亞籽1小匙＋可可豆1大匙

參考文獻

金希哲《現代人需如吃飯般吸收酵素》，鹽樹，2009。
Starffin, Natasha／金文正 譯《生汁健康瘦身法》，Academy Book，2004。
Yoshikawa Tamami／金英珠 譯《Raw Food瘦身》，富光出版社，2011。
Ani Phyo, Ani's 15-Day Fat Blast, Da Capo Lifelong Books, 2012.
Carol Alt, Eating in the Raw, Clarkson Potter, 2010.
Cherie Calbom, The Juice Lady's Turbo Diet, Siloam, 2011.
Frederic Patenaude, The Raw Winter Recipe Guide, Amazon Digital Services, Inc., 2011.
Jessica Alba, The Honest Life, Rodale Books, 2013.
Robert Dave Johnston, How to Lose 30 Pounds (Or More) In 30 Days With Juice Fasting, Create Space
Independent Publishing Platform, 2012.
Ryan E. Taylor, Juicing For Weight Loss, TKC Nevada, Inc., 2014.
Sandra Cabot, The Juice Fasting Bible, Ulysses Press, 2009.
United Authors, Superfood Smoothies and Juices, CreateSpace Independent Publishing Platform, 2014.

果汁淨化力

從好萊塢隨行食尚到斷食淨化實踐，
來自超級食物的蔬果食譜72道

作　　者 | 全周漓
譯　　者 | 世真
專業審校 | 敖立燕 Liyen Au

發 行 人 | 林隆奮 Frank Lin
社　　長 | 蘇國林 Green Su
總 編 輯 | 葉怡慧 Carol Yeh

出版團隊

企劃選書 | 石詠妮 Sheryl Shih
執行編輯 | 詹琇惠 Sophie Chan
版權編輯 | 蕭書瑜 Maureen Shiao
裝幀設計 | 江孟達工作室
版面構成 | 譚思敏 Emma Tan

行銷統籌

業務經理 | 吳宗庭 Tim Wu
業務專員 | 蘇倍生 Benson Su
　　　　　陳佑宗 Anthony Chen
業務秘書 | 陳曉琪 Angel Chen
　　　　　莊皓雯 Gia Chuang
行銷企劃 | 朱韻淑 Vina Ju
　　　　　康咏歆 Katia Kang

發行公司 | 精誠資訊股份有限公司　悅知文化
　　　　　105台北市松山區復興北路99號12樓
訂購專線 | (02) 2719-8811
訂購傳真 | (02) 2719-7980
專屬網址 | http://www.delightpress.com.tw
悅知客服 | cs@delightpress.com.tw
ISBN：978-986-5617-22-6

建議售價 | 新台幣320元
初版一刷 | 2015年7月

國家圖書館出版品預行編目資料

果汁淨化力：從好萊塢隨行食尚到斷食淨化實
踐，來自超級食物的蔬果食譜72道／全周漓 著.
-- 初版. -- 臺北市：
精誠資訊, 2015.07
　面；　公分
ISBN 978-986-5617-22-6 (平裝)
1.果菜汁 2.點心食譜

427.4　　　　　　　　　　　　104010667

建議分類 | 生活風格・烹飪食譜

風行全球的果汁淨化術，
大家一起來！

凡購買《果汁淨化力》，並於2015/10/31截止前（以郵戳為憑），填寫讀者回函寄回悅知文化（傳真或影印無效），即可參加由TESCOM所提供之『真空果汁機TMV-1600TW』（參考市價：8990元），限額1名喔！

| 注意事項 |

★ 請務必於讀者回函內，清晰並以正楷填寫姓名、聯絡電話、通訊地址及Email等資料，以避免權益受損。

★ 贈品以TESCOM贊助之實物為主，不得更換為其他等值商品。

★ 將於2015/11/06公開抽獎，並於抽獎隔日於悅知網站公佈得獎者。

★ 悅知文化將於2015/11/13前電話聯繫中獎人，確認中獎人資訊。

★ 煩請以正楷字填寫回函，若因資訊填寫不完全，聯繫未果，視同放棄，不得補發。

| 特別感謝 |

TESCOM

熱情贊助

讀者回函

果汁淨化力

感謝您購買本書，為提供您更好的服務，麻煩您撥冗回答下列問題，以做為我們日後改善的依據。
請將回函寄回台北市復興北路99號12樓（免貼郵票），悅知文化感謝您的支持與愛護！

姓名：＿＿＿＿＿＿＿＿＿＿＿ 性別：□ 女 □ 男 生日：民國＿＿年＿＿月＿＿日

聯絡電話：(白) ＿＿＿＿＿＿＿＿ (夜) ＿＿＿＿＿＿＿＿＿＿

電子郵件（請以正楷書寫）：＿＿＿＿＿＿＿＿＿＿＿＿＿＿＿＿＿＿＿

通訊地址：□□□-□□ ＿＿＿＿＿＿＿＿＿＿＿＿＿＿＿＿＿＿＿＿

● 請問您如何得知本書？

　□實體書店 　□網路書店 　□EDM 　□電子報 　□親友推薦 　□其他＿＿＿＿＿＿

● 請問您在何處購買本書？

　實體書店，請問是哪一家：

□ 誠品 　□ 金石堂 　□ 紀伊國屋 　□ 其他 ＿＿＿＿＿＿＿＿＿＿＿＿＿＿＿

　網路書店，請問是哪一家：

□ 博客來 □ 金石堂 □ 誠品 □ PCHome □ 讀冊 □ 其他 ＿＿＿＿＿＿＿＿＿＿

● 您覺得本書的品質及內容如何？

　內容：□ 很好 □ 佳 □ 好 □ 尚可 □ 待加強 原因：＿＿＿＿＿＿＿＿＿＿＿

　印刷：□ 很好 □ 佳 □ 好 □ 尚可 □ 待加強 原因：＿＿＿＿＿＿＿＿＿＿＿

　價格：□ 偏高 □ 高 □ 合理 □ 低 □ 偏低 原因：＿＿＿＿＿＿＿＿＿＿＿

● 您願意收到我們發送的電子報，以得到更多書訊及優惠嗎？

　□ 願意 　□ 不願意

● 請問您認識悅知文化嗎？

　□ 第一次接觸 □ 購買過悅知其他書籍

　□ 上過悅知網站www.delightpress.com.tw □ 有訂閱悅知電子報

● 請問您對本書的綜合建議：

＿＿＿＿＿＿＿＿＿＿＿＿＿＿＿＿＿＿＿＿＿＿＿＿＿＿＿＿＿＿＿＿＿＿＿＿

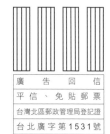
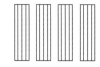

精誠公司悅知文化　收

105 台北市復興北路99號12樓

（　請沿此虛線對折寄回　）

果汁有著任何加工飲品都無法匹敵的營養美味，
不論是將五色蔬果打成果汁（Juice），
或是以富含纖維質的果昔（Smoothie）代替正餐，
均可幫助身體排出老廢物質，且具有飽足感等優點。